U0239129

中国茶文化丛书

茶席艺术

潘城 著

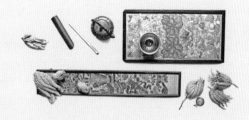

中国农业出版社

图书在版编目（CIP）数据

茶席艺术／潘城著 . — 北京：中国农业出版社，
2018.3（2025.3重印）
（中国茶文化丛书）
ISBN 978-7-109-23362-1

Ⅰ．①茶… Ⅱ．①潘… Ⅲ．①茶文化－中国 Ⅳ．
①TS971.21

中国版本图书馆CIP数据核字(2017)第226267号

中国农业出版社出版
（北京市朝阳区麦子店街18号楼）
（邮政编码 100125）
责任编辑 姚 佳

北京通州皇家印刷厂印刷 新华书店北京发行所发行
2018年3月第1版 2025年3月北京第5次印刷

开本：700mm×1000mm 1/16 印张：19.25
字数：280千字
定价：98.00元
（凡本版图书出现印刷、装订错误，请向出版社发行部调换）

《中国茶文化丛书》编委会

主　编：姚国坤

副主编：王岳飞　　刘勤晋　　鲁成银

编　委（以姓氏笔画为序）：

总　序

　　茶文化是中国传统文化中的一束奇葩。改革开放以来，随着我国经济的发展，社会生活水平的提高，国内外文化交流的活跃，有着悠久历史的中国茶文化重放异彩。这是中国茶文化的又一次出发。2003年，由中国农业出版社出版的《中国茶文化丛书》可谓应运而生，该丛书出版以来，受到茶文化事业工作者与广大读者的欢迎，并多次重印，为茶文化的研究、普及起到了积极的推动作用，具有较高的社会价值和学术价值。茶文化丰富多彩，博大精深，且能与时俱进。为了适应现代茶文化的快速发展，传承和弘扬中华优秀传统文化，应众多读者的要求，中国农业出版社决定进一步充实、丰富《中国茶文化丛书》，对其进行完善和丰富，力求在广度、深度和精度上有所超越。

　　茶文化是一种物质与精神双重存在的复合文化，涉及现代茶业经济和贸易制度，各国、各地、各民族的饮茶习俗、品饮历史，以品饮艺术为核心的价值观念、审美情趣和文学艺术，茶与宗教、哲学、美学、社会学，茶学史，茶学教育，茶叶生产及制作过程中的技艺，以及饮茶所涉及的器物和建筑等。该丛书在已出版图书的基础上，系统梳理、查缺补漏、修订完善，填补空白。内容大体包括：陆羽《茶经》研究、中国近代茶叶贸易、茶叶质量鉴别与消费指南、饮茶健康之道、茶文化庄园、茶文化旅游、茶席艺术、大唐宫廷茶具文化、解读潮州工夫茶等。丛书内容力求既有理论价值，又有实用价值；既追求学术品位，又做到通俗易懂，满足作者多样化需求。

　　一片小小的茶叶，影响着世界。历史上从中国始发的丝绸之路、瓷器之路，还有茶叶之路，它们都是连接世界的商贸之路、文明之路。正是这种海陆并进、纵横交错的物质与文化交流，牵连起中国与世界的交往与友谊，使茶和咖啡、可可成为世界三大无酒精饮料，茶成为世界消费量仅次于水的第二大饮品。而随之而生的日本茶道、韩国茶礼、英国下午茶、俄罗斯茶俗等的形成与发展，都是接受中华文明的例证。如今，随着时代的变迁、社会的进步、科技的发展，人们对茶的天然、营养、保健和药效功能有了更深更广的了解，茶的利用已进入到保健、食品、旅游、医药、化妆、轻工、服装、饲料等多种行业，使饮茶朝着吃茶、用茶、玩茶等多角度、全方位方向发展。

习近平总书记曾指出：一个国家、一个民族的强盛，总是以文化兴盛为支撑的。没有文明的继承和发展，没有文化的弘扬和繁荣，就没有中国梦的实现。中华民族创造了源远流长的中华文化，也一定能够创造出中华文化新的辉煌。要坚持走中国特色社会主义文化发展道路，弘扬社会主义先进文化，推动社会主义文化大发展大繁荣，不断丰富人民精神世界，增强精神力量，努力建设社会主义文化强国。中华优秀传统文化是习近平总书记十八大以来治国理念的重要来源。中国是茶的故乡，茶文化孕育在中国传统文化的基本精神中，实为中华民族精神的组成部分，是中国传统文化中不可或缺的内容之一，有其厚德载物、和谐美好、仁义礼智、天人协调的特质。可以说，中国文化的基本人文要素都较为完好地保存在茶文化之中。所以，研究茶文化、丰富茶文化，就成为继承和发扬中华传统文化的题中应有之义。

当前，中华文化正面临着对内振兴、发展，对外介绍、交流的双重机遇。相信该丛书的修订出版，必将推动茶文化的传承保护、茶产业的转型升级，提升茶文化特色小镇建设和茶旅游水平；同时对增进世界人民对中国茶及茶文化的了解，发展中国与各国的友好关系，推动"一带一路"建设将会起到积极的作用，有利于扩大中国茶及茶文化在世界的影响力，树立中国茶产业、茶文化的大国和强国风采。

姚国坤

2017 年 6 月于杭州

序：为谁设席

读完这部手稿，不由自主地想起了壁炉，一幅温馨的家庭图画就展现在眼前。那些围绕着火炉抱团取暖，陶醉在生活深处的人们，同样也会围绕着茶席，沉浸在茶汤的迷人芬芳之中。然后我们会往深处发问：茶席究竟为谁而设？茶席在空间里，究竟有着什么样的意义呢？

本书作者潘城，为此做了一番叙述，从茶席的概念、历史、元素、流派，直至审美，一路梳理，给了我们一个有关茶席面面观的环绕场景，启发我们思考，这样的艺术空间，为什么会诞生在东方？为什么同样的无酒精饮料，咖啡和可可却不曾框架出独特的席面艺术呢？

茶，原本是人类生活中最大众最普通的饮料了，专门为它辟出空间构成审美关系，是从生活自身开始的。我们发现，中国人关于日常生活的高度艺术化，总会体现在衣食住行的最基本需求上的。从前我们睡觉的床，千功百功；我们吃的饭菜，妙不可言；我们修的园林，美不胜收；我们绣的华衣，巧夺天工；中国人只要能够活下去，便立刻把生活的艺术化作自己的生命实践。茶席，自然也在这过程中，从功能走向审美，并在数千年的流布中，在世界诸多国家呈现出自己的面貌来。

那么，在生活的艺术化过程中，我们中国人最终又在茶席中寄托着怎么样的精神品相呢？中国人的儒释道精神又是怎么样在其中蕴涵的呢？比如说两汉时的王褒《僮约》，虽只有"烹茶尽具"四个字，难道就仅仅体现煮茶时一应的器物都要齐全、或者所有的茶器都要洗干净吗？试想如果这样，王褒与那位杨姓寡妇以及仆人之间还可能有什么故事呢；又比如陆羽《茶经》中的24件茶器，每一件都有其独特的功能性，然而仅仅从功能解析，陆羽在佛院长大、受师父教诲、得儒释道真谛的精神世界又如何能够得以呈现呢；再比如作于晚唐的《宫乐图》，里面陈置的那张大大的茶桌，上面的器具一旦与那些肥腴寂寞的宫女们合于一席，居于深宫，一副无聊中且喝一盏茶虚抛光阴的内心独白，不是让我们这些当代人也听得清清楚楚吗；至于宋代《文士图》中展示的皇家园林，君臣同品香茗的其乐融融，不是已经把昏庸皇帝与天才艺术家的灵魂展示的淋漓尽致了吗；待到明清之际的文人将清供溶于茶席之时，那种方寸之间求清白的小抗争与大无奈，竟然也就一目了然了！

　　中国茶席里那种暗藏着的生活态度和审美标准，深刻地影响了世界。我们且不说日本茶道中的茶席，其作为国家文化符号的显赫地位，已然被世界公认，就说俄罗斯茶席中那把必不可少的"茶炊"，它是怎样调整着人们的生活格局的啊。这把在视觉中比一般茶器大出几轮的多功能大茶壶，稳稳地放在饮食空间的正当中，就如朋友圈的群主，以他为中心，不由分说，就把所有与他有关的人吸引到他的圈子。在这款茶席面前，重要的不仅仅是审美与品茶，重要的是把人间情意紧紧地聚在一杯茶中，哪怕它曾经被生活打击的七零八碎，茶席也要把飞溅的魂魄重新归拢。至于说到英国的下午茶茶席，那就要微妙得多了。它的功能性主要体现在享受着生活，也微妙地调整着生活。英国的茶席是格外讲情调的，它往往布置在舞会和宴会之间，哪怕半个小时的办公室下午茶，也有课间休息般的放松，而爱情就往往会在这样的茶席间发生了。这样一种英国绅士般的画风，也只有在下午茶的茶席中，最能够呈现出来的呢。

所以，一方茶席，或大或小，或内或外，或东方或欧美，尽管面貌各异，其中紧密关联的只可能是人心与人性。比如我们的一个家庭空间，总是先想到要有一张床可以安放身躯的，那么我们的灵魂也是要有一个栖息之处的。茶席艺术，应该是灵魂歇脚的最佳去处吧！

是为序。

第五届茅盾文学奖得主

茶文化学科带头人

王旭烽

2017 年 12 月 20 日

目　录

绪论：第八类艺术

在茶文化学院教学的近十年中，每次与我的学生们共同完成茶席设计作品时，总有一个念头会冒出来——茶席是不是一种艺术呢？茶席艺术为什么不是"第八类艺术"呢？

1911年意大利诗人和电影先驱乔托·卡努杜发表了一篇名为《第七艺术宣言》的论著，他在世界电影史上第一次宣称电影是一种表演艺术，从此，"第七艺术"就成为了电影艺术的同义词。卡努杜认为，电影融合了建筑、音乐、绘画、雕塑、诗和舞蹈这六种艺术，把静的艺术和动的艺术、时间艺术和空间艺术、造型艺术和节奏艺术综合在一起。

可惜，电影不能闻，更不能吃，据说现在也有配上了动感座椅和气味剂的观影体验，但电影终究是不适合品尝的艺术。由此，是不是可以推出茶席艺术了呢？在综合了之前的七大艺术之后，还能够完成一杯色、香、味、意千变万化的茶汤供君欣赏品味。

小时候大家都有玩"过家家"游戏的体验，瓶瓶罐罐、盘盘碗碗，摆开阵势，有板有眼的模仿成人"生活"，童年对生活的体悟也就此萌发。基础的茶席，不过就是摆弄茶器，似乎有些与"过家家"相似，起码都需要一点闲情，这似乎是人类普遍嗜好的延续。孩童通过"过家家"追求成人的生活，成人通过茶席追求更美、更艺术、更性灵的生活。

茶席艺术是因茶而生的。茶，在一切优秀的物质功能之上，还是一种能够慰藉人类心灵的逸品。我们应该达成共识，茶文化的审美品格是至高的。茶，是一种可供无限审美的载体。而这种美，要通过茶文化艺术得以呈现。茶席艺术正是茶文化艺术呈现最重要的表现形式。

茶文化艺术需要空间和时间来承载。随着对空间概念认识的加深，格物致知，我反过来从"自由王国"走回了"必然王国"。一个茶盏作为一个微型的空间承载了一种叫做茶的液体，而这茶与茶盏以及相关的器用、风物在方寸的格局之间成为具有独特审美的茶席艺术。不仅如此，当其他艺术种类，比如绘画、书法、音乐、舞蹈、戏剧、电影、诗歌等与时间融合，并最终由人的力量融入茶席时，"第八类艺术"就轰然而至，目击而存焉！

也许，本书的逐章展开，除了给我的学生们编一部教材以外，就是为了证明这一点。

第一章
茶席艺术概论

光参筠席上，韵雅金罍侧。

——唐·陆龟蒙《茶瓯》

第一节　何谓茶席

当代，随着中国茶文化的复兴，茶人们对茶席概念的认识越来越丰富、深入。

1981年，中国台湾的周渝先生将他的私宅——紫藤庐正式改为公共饮茶空间，茶艺馆诞生，提出"自然精神的再发现，人文精神的再创造"。作为茶空间的艺术，这是一个明显的标志。以紫藤庐为代表的中国台湾茶人们在茶席艺术的创作与探索方面成为先行者。

直到21世纪初开，茶人们开始系统的认识和研究"茶席设计"的学问。

2002年，童启庆在浙江摄影出版社出版的《影像中国茶道》中提出茶席的概念："茶席，是泡茶，喝茶的地方。包括泡茶的操作场所、客人的坐席以及所需气氛的环境布置。"

2003年，周文棠在浙江大学出版社出版的《茶道》中提出的概念是："根据特定茶道所选择的场所与空间，需布置与茶道类型相宜的茶席、茶座、表演台、泡茶台、奉茶处所等。茶席是沏茶、饮茶的场所，包括沏茶者的操作场所，茶道活动的必须空间、奉茶处所、宾客的座席、修饰与雅化环境氛围的设计与布置等，是茶道中文人雅艺的重要内容之一。茶席设计与布置包括茶室内的茶座，室外茶会的活动茶席、表演型的沏茶台（案）等。"

2005年，乔木森在上海文化出版社出版的《茶席设计》中提出的概念是："茶席设计，就是以茶为灵魂，以茶具为主体，在特定的空间形态中，与其他艺术形式相结合，所共同完成的一个有独立主题的茶道艺术组合整体。"

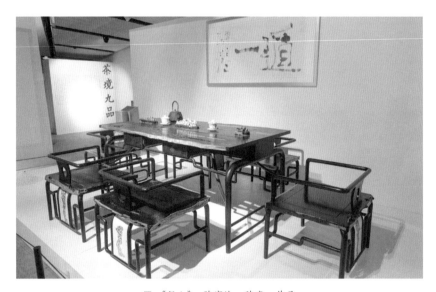

■《望山》 陈家泠 陈亮 作品

2007年，池宗宪在台湾出版的《茶席曼荼罗》中提出："将茶席看成是一种装置，是想传达摆设茶席的茶人的一种想法，一种漫游于自我思绪中，曾经思索所想表达的词汇，将茶席成为一种自我询问与对话的作业方式。"

2008年，丁以寿在安徽教育出版社出版的《中华茶艺》中提出："茶席是茶艺表演的场所，有狭义和广义之分。狭义的茶席是单指从事泡茶、品饮或兼及奉茶而设的桌椅或地面。广义的茶席则在狭义的茶席之外包括茶席所在的房间，甚至还包括房间外面的庭院。"

2011年，陈宗懋、杨亚军主编的《中国茶经》饮茶篇中的"品茗的环境"与"泡茶意境"两个条目都与茶席艺术相关："品茗的环境一般由建筑物、园林、摆设、茶具等元素组成。泡茶意境，是指茶艺阶段的泡茶活动中要表达出来的主题、意念、氛围和环境。泡茶意境的设计，主要包括茶具的选择、环境要求、茶席布置、背景音乐的配置等。"

2011年，蔡荣章在安徽教育出版社出版的《茶席·茶会》中提出："茶席是为茶道之美或茶道精神而规划的一个场所。"他在2015年中华书局出版《现代茶道思想》一书的阐述更能代表其观点："茶席，或说是广义的品茗环境，是为茶席主人的茶境帮腔的，它的设计与呈现都必须由茶席主人掌握，而整个茶会的进行或演出是以主客间泡茶、奉茶、品茗为主轴，其间更以茶汤为灵魂。"

2011年，罗庆江发表于《农业考古茶文化专号》（总114期）上的《茶席设计——澳门特色茶文化活动》一文中提出的概念是："为了全面品出茶叶的色、香、味，于是就出现了能配合其茶品的泡饮方法以及相应的茶具。茶具的设置必须合理定位，是因所泡茶品及品茗人数而设定茶具的种类、质材、容量、数量以及应在位置等，将必需的茶具合理地设置在一个便于操作的平台上，这个特定的茶具组合形式就叫做茶席。"

2012年，《茶末茶蘼——茶事与生活方式》一书提出："茶席其实是一种人与茶，人与器，人与人之间的对话……从广义上讲，茶席布置就是品茗环境的布置，即根据茶艺的类型和主题，为品茗营造一个温馨、高雅、舒适、简洁的良好环境。"

2014年，李曙韵在北京时代华文书局出版社的《茶味的初相》中提出："茶席是茶人展现梦想的舞台，借由茶器的使用，茶仪轨的进行，完成近似宗教般的净化过程。"

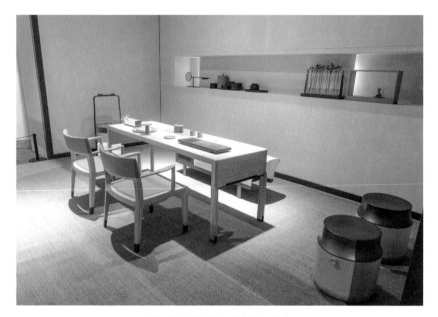

■ 《隐之深处》 卢志荣 作品

2015年，由刘枫主编，程启坤、姚国坤、宋少祥、王旭烽副主编，在中央文献出版社出版的《新茶经》中谈到了"茶具的配置"："茶具选配与组合是一门学问，最基本的是在充分发挥和利用茶具本身的功能性，使茶的物质和精神双重特性得到最大的发挥。"要因茶制宜、因具制宜、因地制宜、因人制宜。

2015年，静清和在九州出版社出版的《茶席窥美》中提出的概念在乔木森的基础上有所增改："茶席，是为品茗构建的人、茶、器、物、境的茶道美学空间，它以茶汤为灵魂，以茶具为主体，在特定的空间形态中，与其他的艺术形式相结合，共同构成的具有独立主题，并有所表达的艺术组合。"

2016年，周新华在浙江大学出版社出版的《茶席设计》中沿用了乔木森对茶席设计的定义。

2017年王迎新在山东画报出版社出版的《人文茶席》中提出："茶席是以茶为中心，融摄东方美学和人文情怀所构成的茶空间及茶道美学理念的饮茶方式。它不仅仅拘于茶的层面，已经成为一种复兴与发扬中的生活美学。"

分析所有这些关于茶席的概念和定义，有些比较形而下，质朴的说明茶席的物质功能和范畴；有些比较形而上，特别注重茶席的心灵层面与精神价值；有些表述很理性，茶席是茶道、茶艺的有机连接与表现；有些表述很感性，茶席属于个体生命的创作与感悟。其实我们可以认同任何一种观点，加以学习，或者兼收并蓄，加以取舍，这也取决于我们的性格，以及对茶文化的理解深度。

我对茶席艺术的认识是建立在"茶文化艺术呈现学"基础上的。

茶席艺术，是以茶文化艺术呈现为目的，综合空间、时间、感官的独立艺术。

关于茶席艺术，还应该特别重视几点：

一、静态的茶席是空间艺术，运用中的茶席是时间艺术，欣赏茶席之美，体验品味茶香、茶色与茶汤滋味是感官艺术，三者综合才是完善的茶席艺术。

二、茶席艺术是茶文化艺术呈现最核心、最重要的形式。茶席艺术这门学问是"茶文化艺术呈现学"最核心、最重要的内容。

三、在茶席艺术中，功能与审美是"一叶双菩提"，必须高度结合，无论轻重、不分先后。

四、茶席设计还是茶席艺术？取决于茶席主体（做茶席的人）的定位。把自己看成设计师还是艺术家？设计是以满足别人的需要出发，艺术则是以满足艺术家自身的追求出发。

■ 《中国茶谣》中的儒家茶礼茶席 　　　　　　■ 《中国茶谣》中的佛家茶礼茶席

《中国茶谣》中的道家茶礼茶席

第二节　茶席是独立艺术

通过上一节对诸多茶席定义的梳理，我们发现对茶席的认识有了一个逐步深入的共识。茶席从一开始"泡茶、饮茶的场所"，逐渐被赋予了"装置""独立主题""泡茶意境""人文情怀""茶道美学空间""为茶道精神而规划的场所"等内涵。这个认识过程其实正是茶席艺术化的过程。

茶席是一门独立的艺术，关于这个问题，我试以一系列的自问自答来解读。

艺术是什么？李泽厚在《美学四讲》中指出，"艺术"一词包含的意义太多，众说纷纭，莫衷一是，因此"艺术"也就没有意义了。谈论艺术就必须谈论一件一件具体的艺术品，姑且说，艺术是各种艺术品的总称。

什么是艺术品？只有当某种人工制作的物质对象以其形体存在诉诸人的此种情感本体时，亦即此物质形体成为审美对象时，艺术品才现实地出现和存在。因此，茶席必须诉诸了茶人的情感，并成为审美的对象时，才称得上是茶席艺术。

茶席艺术与茶席设计有何不同？原研哉在《设计中的设计》中指出：所谓设计，就是将人类生活或生存的意义，通过制作的过程予以解释。艺术是发现新人类精神的有效途径。艺术是艺术家在面对社会时的意志表达，其发生的根本立足点是作为个体的人。因此，只有艺术家本人，才能掌握其艺术发生的根源。这就是艺术的孤傲与直率之处。而设

■ 《金池之上，灵泉之中》 彭喆 李海霖 作品

计基本上是没有自我表现的动机，其落脚点更侧重于社会。解决社会上多数人共同面临的问题，是设计的本质。在问题解决过程——也是设计过程中产生的那种人类能够共同感受到的价值或精神，以及由此引发的感动，这就是设计最有魅力的地方。茶席艺术，可以说是建立在茶席设计基础上的一种自我表现。

何为茶文化？有必要再次重申，本书对"茶席艺术"的定义"是以茶文化艺术呈现为目的，综合空间、时间、感官的独立艺术"，因此要深入理解茶席艺术，就必须对"茶文化艺术呈现"有所了解。根据王旭烽教授在《品饮中国——茶文化通论》中给出的定义："茶文化即人类在文明进程中创造的有关茶物质与精神的综合形态"。之后王旭烽教授又将"茶文化呈现"定点在德国哲学家恩斯特·卡西尔"文化哲学体系"的坐标中，因此赞成有关茶文化的另一重塑概念。卡西尔认为，人与其说是理性的动物，不如说是符号的动物——能利用符号去创造文化的动物。而文化，无非是人的外化，对象化，无非是符号活动的现实化和具体化。这一哲学精髓可化为基本公式：人——运用符号——创造文化。从这样一个理论框架出发，我们可以这样定义：所谓茶文化，正是人以茶为文化符号、并将其现实化和具体化的全部创造过程及总和。

茶文化囊括了有关茶的社会与精神功能的所有方面。主要特质为天人合一，和谐周正，精行俭德，厚德载物，无私奉献，雅致美好。与人文及自然学科领域中的农学、社会学、经济学、历史学、民俗学、文学、艺术学、哲学、宗教学、美学、心理学、传播学、医学等诸多学科相互联系，相互渗透。

学界一般将茶文化划分为四个层次：物态文化，诸如茶叶生产及制作过程中的技艺，饮茶中所涉及的器物和建筑，名茶品牌等。制度文化，诸如茶生产和流通过程中所形成的生产制度，经济制度。行为文化，诸如各国、各地、各民族之间的饮茶习俗等。心态文化，诸如品饮茶的历史，以品饮艺术为核心形成的价值观念、审美情趣和文学艺术，茶与宗教、哲学、美学，社会学，茶学史，茶学教育等。

什么是茶文化艺术？茶文化艺术是茶文化的重要组成部分，是茶与艺术的结合，包括茶与文学、绘画、雕塑、建筑、音乐、舞蹈、戏剧、电影、曲艺、工艺的高度创意结合。同样的，讨论茶文化艺术实质上就是讨论一件件茶文化艺术作品。

■ 话剧《六美歌》中"茶艺祖师"常伯熊正在布置茶席

■ 话剧《六美歌》结尾时陆羽与李冶的茶席

何为呈现？词性作为动词的"呈现"，可以解析为展现、显现、展示。展现是指具体的事物较清楚、持续时间较长地被显现。对象多是现实的事物，如颜色、景色、神情、气氛等。此外，呈现也是人内在的一种外在反应，包括将内心的理想、渴望、信念、思想等，以语言、文字、画图等形式展现出来。而作为文化哲学体系框架中的"呈现"，我们可以定义如下：人类运用符号创造文化的途径方法与过程。

茶文化与呈现之间有什么关系？我们不能简单地把茶文化与呈现之间的关系，理解为将茶文化呈现出来，这不是一个根本性的解读。笔者的观点在于，当您将"茶"定义为文化符号时，已经包含了呈现的要素。这恰是同一片茶叶，在动物眼中可构成信号，而在人眼中却构成了"符号"的根本原因。卡西尔哲学以为，人的突出特征，并非其物理本性，也非其理性本性，而是其劳作性。正是这种劳作性，将一片叶子创造成一种文化符号，并以这种文化符号为工具手段，去创造有机整体即人类文化。而将一片叶子创造成一种文化符号的劳作过程，也就是茶文化呈现的过程。因此，笔者以为，如果没有这种哲学意义上的呈现，也就不存在茶文化本身。呈现是茶文化之所以成为茶文化的根本属性之一。陆羽的"目击而存"虽然感性而古老，却包含了将其用绢纸书写下来挂在身后的人类劳作性，这正是"目击而存"的前提，故在本质上，中国古代茶圣陆羽与德国现代哲学鼻祖卡西尔异曲同工。

什么是茶文化呈现？符号思维和符号活动，是人类生活中最富有代表性的特征。并且人类文化的全部发展都依赖于这种条件。基于以上观点指导下有关茶文化与呈现概念的解读，笔者对茶文化呈现的概念定义为：茶文化呈现，既人类通过创造使茶成为文化符号并运用此符号参与构建人类文化活动的全部过程。

什么是茶文化艺术呈现？即茶文化呈现的艺术形态。茶文化艺术作品通过特定的手段与途径被呈现在社会与公众面前的过程。比如正在播放的有关茶的影视作品；在舞台上演出的有关茶的戏剧作品；已经出版的有关茶的文学作品；进行中的茶会、茶席等。

■《中国茶谣》中的"姑嫂茶"茶席

茶文化艺术呈现有何意义？茶文化，作为一种物质形态与精神形态相依相存的文化事像，其精神品相与外在形态，只有通过具体的事物显现，才能被人们认可，才能为社会服务，才能显现文化力量，才能进入优秀传统文化历史的长河，得以继承弘扬，因此，从某种意义上说，没有茶文化艺术呈现，就没有茶文化自身。

茶席艺术有何意义？人们通过茶席艺术可以最直接的完成茶文化艺术呈现的意义。人们可以通过茶席这个形式与载体，诉诸自己的情感，协调人与自然、人与人、人与自我的关系。茶席艺术与诗歌、音乐、绘画等其他艺术形式一样，能够让人类自由的、艺术化的表达自己对世界的认识与理解。

《浮士德》中有句名言"理论全是灰色的，只有生命之树常青"，茶席艺术究竟是什么？非要自己去实践、设计、创作、体验与欣赏不可！

■ 《弥·茶聚、茶境》 吴作光 汪洁袤 作品

第二章
茶席的历史

古镜破苔当席上，嫩荷涵露别江濆。

——唐·徐夤《贡余秘色茶盏》

茶席艺术既古老又现代。说它现代，已经融入了装置艺术、行为艺术、观念艺术等当代艺术的手段，说它古老，唐、宋、明、清自古发展而来。中国历代茶书中并无"茶席"一词，但这绝不等于没有茶席艺术的观念。历代茶书中对茶具组合、品茗环境的大量研究正是当代茶席艺术的土壤。

第一节　唐代茶席

一、茶圣陆羽的《茶经》是茶席艺术的肇始

　　《茶经·四之器》中系统地记述了唐代煎茶法所用的二十四件茶器。并以一件名为"列具"的茶器，"悉敛诸器物，悉以陈列也"，这就是茶席设计中的茶具组合。《茶经·六之饮》规范了唐代饮茶的方法，特别是对茶席人数的规定。《茶经·九之略》中提出"六废"，在六种情况下可

■《茶经》

以简化茶器，表现了茶道的变通精神，更是唐代茶席可以因时因地进行设计调整的体现。《茶经·十之图》中说"以绢素或四幅或六幅，分布写之，陈诸座隅"以"目击而存"，这更是对茶席背景与茶空间环境氛围的艺术营造。

二、《萧翼赚兰亭图》中的茶席

中国历史上已知最早的茶画的《萧翼赚兰亭图》，作者相传为唐代著名的人物画家阎立本，有两个宋代的摹本传世，一个藏在台北故宫博物院，一个在辽宁省博物馆。这是一幅很有故事的画。

此画就是根据唐人何延之《兰亭记》中记载的这个故事创作的。贞观二十三年（649），唐太宗自感不久于人世，下诏死后一定要以王羲之的《兰亭序》墨迹为随葬品。为此他派出监察御史萧翼，乔装成一个到南方卖蚕种的潦倒书生模样，从越州僧人辩才手中骗得王羲之的真迹。唐太宗遂了心愿，辩才气得一命呜呼。

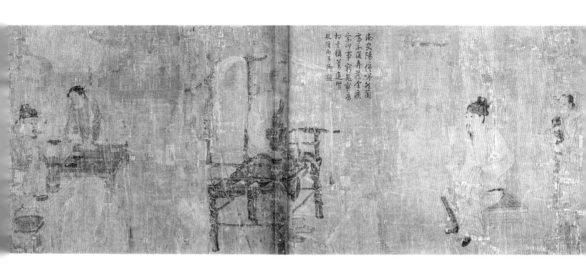

■ 收藏于辽宁省博物馆的《萧翼赚兰亭图》

画面上正是萧翼和辩才谈天论地的场面，人物表情刻画入微。有趣的是画面一旁有一老一少二仆在茶炉上备茶，两位烹茶之人小于其他三人，但神态极妙。老者手持火箸，边欲挑火，边仰面注视宾主；少者俯身执茶碗，正欲上炉，炉火正红，茶香正浓。风炉上置一茶镤，方形矮几上，放置着盏托、茶叶罐等茶具，构成了唐代茶席的风貌。

三、《宫乐图》中的茶席

《宫乐图》的作者无从考证，但此画仍是唐代最为著名的茶画之一。《宫乐图》绢本设色，并没有画家的款印，原本的签题是《元人宫乐图》，然而这画怎样看都是唐代的风貌。后来据沈从文先生考证，此画出自晚唐，画中应是宫廷女子煎茶品茶的再现，遂改定成《唐人宫乐图》。现藏于台北故宫博物院。

画中描摹了宫中仕女奏曲赏乐，合乐欢宴的情景，同时也留下了当时品茶的情状。画面中央是一张大型方桌，后宫嫔妃、侍女十余人，围坐、侍立于方桌四周，姿态各异。有的在行令，有的正用茶点，有的团扇轻摇，品茗听乐，意态悠然。方桌中央放置一只大茶釜，每人面前有一茶碗，画幅右侧中间一名女子手执长柄茶杓，正在将茶汤分入茶盏里，再慢慢品尝。中央四人，则负责吹乐助兴。所持用的乐器，自右而左，分别为筚篥、琵琶、古筝与笙。旁立的二名侍女中，还有一人轻敲牙板，为她们打着节拍。她身旁的那名宫女手持茶盏，似乎听乐曲入了神，暂忘了饮茶。对面一名宫女则正在细啜茶汤，津津有味，侍女在她身后轻轻扶着，似乎害怕她便要茶醉了。众美人脸上表情陶醉，席间的乐声定然十分优美，连蜷卧在桌底下的宠物狗，都似乎醺醉了，整个气氛多么闲适欢愉。

晚唐饮茶之风昌盛，茶圣陆羽的煎茶法不但合乎茶性茶理，且具文化内涵，不仅在文人雅士、王公朝士间得到了广泛响应，女人品茶亦蔚然成风。从《宫乐图》可以看出，茶汤是煮好后放到桌上的，之前备茶、炙茶、碾茶、煎水、投茶、煮茶等程式自然由侍女们在另外的场所完成；饮茶时用长柄茶杓将茶汤从茶釜盛出，舀入茶盏饮用。茶盏为碗状，有圈足，便于把持。可以说这是典型的茶席场景的重现。

■ 唐《宫乐图》

■ 深圳紫苑文化的"唐风茶韵"，复原唐代法门寺地宫出土皇家茶器的茶席

第二节　宋代茶席

宋代茶文化发展到巅峰，茶席也十分讲究，不仅布置于瓦舍勾栏之中，也可布置于自然之中。插花、焚香、挂画与茶一起被合称为"四艺"，常在各种茶席中出现。茶席在宋代成为中国人生活艺术至臻顶峰的象征。

一、《茶具图赞》是茶具的艺术组合

北宋蔡襄的《茶录》专门论述了宋代点茶法所用的茶器9件。北宋赵佶的《大观茶论》中论述了罗碾、盏等5件茶具。到南宋审安老人的《茶具图赞》，12件点茶所用的茶具集合到了一起，完成了宋代点茶法茶席的面貌。

审安老人，真实姓名不详，他于南宋咸淳五年（1269）写成《茶具图赞》。这是我国历史上第一部茶

■《茶具图赞》中描绘的"十二先生"

具图谱。茶具共有十二种，分别为"韦鸿胪"即茶焙，"木待制"即茶臼茶槌，"金法曹"即茶碾，"石转运"即茶磨，"胡员外"即水瓢，"罗枢密"即罗盒，"宗从事"即棕刷，"漆雕秘阁"即盏托，"陶宝文"即茶盏，"汤提点"即汤瓶，"竺副帅"即茶筅，"司职方"即茶巾。

审安老人运用图解，以拟人法赋予这些茶器姓名、字、雅号，倍感生动有趣。并用官名称呼之，分别详述其清新高雅之职责，以表经世安国之用意。

二、《文会图》中的茶席

宋徽宗赵佶，轻政重文，喜欢收藏历代书画，擅长书法、人物花鸟画。一生爱茶，嗜茶成癖，著有茶书《大观茶论》，是中国第一部由皇帝编写的茶叶专著，致使宋人上下品茶盛行。他常在宫廷以茶宴请群臣、文人，有时兴至还亲自动手烹茗、斗茶取乐。

赵佶的《文会图》绢本设色，现藏中国台北故宫博物院。描绘了文人会集的盛大场面。在一个豪华庭院中，设一巨榻，榻上有各种丰盛的菜肴、果品、杯盏等，九文士围坐其旁，神志各异，潇洒自如，或评论，或举杯，或凝坐，侍者们有的端捧杯盘，往来其间，有的在炭火桌边忙于温酒、备茶，场面气氛热烈，人物神态逼真。

图中从根部到顶部不断缠绕的两株树木，显示了这是一次大型的户外茶会与茶席。可以清晰地看到各种茶具，其中有茶瓶、都篮、茶碗、茶托、茶炉等。此画的左前方有一个正在点茶的茶席，方形桌上置黑色盏托、青瓷茶盏，方鼎形火盆中有汤瓶，另有都篮等茶器。一侍者正从茶罐中量取茶粉置茶盏，准备接下来的点茶。

名曰"文会"显然是一次宫廷茶宴。其实《文会图》这种题材是源于唐代的十八学士图题材，徽宗大概也想效仿唐太宗与文臣之间的亲密

■ 《文会图》

关系，作品也隐含君臣和谐的政治意图，正如他在他的《大观茶论》开篇所描述的他的王朝有多么的安定美好，可是不久北宋灭亡，他自己也被俘虏到北方受尽凌辱而死。有人认为徽宗和他的臣民都沉迷于饮茶，贡茶的奢靡把北宋推向灭亡。我却认为，正是因为有茶，有这样的茶席与茶会，宋代才会如此迷人，繁华如梦。

三、《茗园赌市图》《撵茶图》中的茶席

这两幅都是刘松年的茶画作品。刘松年宋钱塘（杭州）人，因居住在杭州清波门，而清波门又被称为暗门，故刘松年又被称为"暗门刘"。他的画精人物，神情生动，衣褶清劲，精妙入微。他的《斗茶图》在茶文化界地位尊崇，是世人首推的。他一生中创作的茶画作品不少，流传于世的却不多。《茗园赌市图》是其中的精品，艺术成就很高，成了后人仿效的样板画。

本幅绢本浅设色画，无款，此画现存台北故宫博物院。画中以人物为主，男人、女人、老人、壮年、儿童，人人有特色表情，眼光集于茶贩们的"斗茶"，茶贩有注水点茶的，有提壶的，有举杯品茶的。右前方有一挑茶担卖茶小贩，停肩观看。个个形象生动逼真，把宋代街头民间茗园"赌市"的生动情景淋漓尽致地描绘在世人面前。

《撵茶图》以工笔白描的手法，细致描绘了宋代点茶的茶席以及具体过程。画面分两部分：画幅左侧共两人，一人跨坐于一方矮几上，头戴璞帽，身着长衫，脚蹬麻鞋，正在转动石磨磨茶，神态专注，动作舒缓，显然是个中好手；石磨旁横放一把茶帚，是用来扫除茶末的。另一人仁立茶案边，左手持茶盏，右手提汤瓶点茶；他左手边是煮水的风炉、茶釜，右手边是贮水瓮，桌上是茶筅、茶盏、盏托以及茶罗子、贮茶盒等用器。画幅右侧共计三人：一僧人伏案执笔，正在作

■ 《茗园赌市图》

■ 《撵茶图》

书；一羽客相对而坐，意在观览；一儒士端坐其旁，似在欣赏。整个画面布局闲雅，用笔生动，充分展示了宋代文人雅士茶会的风雅之情和高洁志趣，是宋代点茶场景的真实写照。

刘松年的《茗园赌市图》表现了市民阶层的茶席，《撵茶图》表现了文人士大夫阶层的茶席。分别呈现了中国人最诗意也最世俗，生活最精致也最快意的时代。

■ 九圣岩复原宋代点茶法的茶席作品

四、辽墓壁画中的茶席

20 世纪后期在河北省张家口市宣化区下八里村考古发现一批辽代的墓葬，墓葬内绘有一批茶事壁画。绘画线条流畅，人物生动，富有生活情趣。这些壁画全面真实地描绘了当时流行的点茶技艺的各个方面，对于研究契丹统治下的北方地区的饮茶历史和点茶技艺有极高的价值，同时也展示了辽代茶席的风貌。

张文藻墓壁画《烹茶探桃图》，壁画右前有船形茶碾一只，茶碾后有一黑皮朱里圆形漆盘，盘内置曲柄锯子、毛刷和茶盒。盘的后方有一莲花座风炉，炉上置一汤瓶，炉前地上有一扇。壁画右有四人，一童子站在跪坐碾茶者的肩上取吊在放梁上竹篮里的桃子，一老妇用围兜承接桃子，主妇手里拿着桃子。主妇身前的红色方桌上置茶盏、酒坛、酒碗等物，身后方桌上是文房四宝。画左侧有一茶具柜，四小童躲在柜和桌后嬉乐探望。壁画真切地反映了辽代晚期的点茶用具和方式，细致真实。

张世古墓壁画《进茶图》，壁画中三人，中间一女子手捧带托茶盏，托黑盏白，似欲奉茶至主人。左侧一人左手执扇，右手抬起，似在讲什么。右侧一女子侧身倾听。三人中间的桌上置有红色盏托和白色茶盏，一只大茶瓯，瓯中有一茶匙。点茶有在大茶瓯中点好再分到小茶盏中饮用的情形。桌前地上矮脚火盆炉火正旺，上置一汤瓶煮水。

6 号墓壁画《茶道图》，壁画中共有 6 人（一人模糊难辨），左前一童子在碾茶，旁边有一黑皮朱里圆形漆盘，盘内置曲白色茶盒；右前一童子跪坐执扇对着莲花座型风炉扇风，风炉上置汤瓶（比例偏大）煮水，左后一人双手执汤瓶，面前桌上摆放茶匙、茶筅、茶罐、瓶篮等。右后一女子手捧茶瓯，侧身回头，面前一桌，桌上东西模糊难认。后中一童子伏身在茶柜上观望。

山西大同西郊宋家庄冯道真墓室东壁南端壁画《童子侍茶图》，茶席置于室外的几株新竹前，一块假山石后，桃树正盛开着诱人的花朵。茶桌造型优美，工艺精湛。茶席上茶具摆放有秩，茶碗叠扣在一起，贮茶的瓷瓶上还清楚地贴上写有"茶末"二字的纸条，茶果茶点制作精美，装盘讲究，对称地摆放两边。茶笼、茶则、茶盏、茶釜配置齐全，是一个典型的宋辽茶席。

■《烹茶探桃图》｜■《进茶图》
■《茶道图》｜■《童子侍茶图》

第三节　明代茶席

　　自明代开始，中国的饮茶方式发生了重大变革，末茶法转变为散茶冲泡，称为瀹茶法，俗称泡茶。因此，茶器与茶席也就相应的发生了变化。精神上，由于经历了元朝异族统治的压抑，明代的文人茶人们有强烈的复兴宋代生活艺术化的渴望，这被充分的表现在了茶席艺术上。明代茶人更注重品茗的氛围，讲究茶席的意境之美。

一、明代茶书中茶席的意境

　　许次纾《茶疏》"茶所"记："寮前置一几，以顿茶注、茶盂，为临时供具。别置一几，以顿他器。旁列一架，巾帨悬之。"又在《茶疏·饮时》中列举了一系列适于饮茶的情况，其中有指时间和饮茶人身心状态等的，也有指空间环境的。"心手闲适，披咏疲倦，意绪纷乱，听歌拍曲，歌罢曲终，杜门避事，鼓琴看画，夜深共语，明窗净几，洞房阿阁，小桥画舫，茂林修竹，荷亭避暑，小院焚香，儿辈斋馆，清幽寺观，名泉怪石"。茶的良友是"清风明月，纸账楮衾，竹床石枕，名花琪树。"

　　罗廪在《茶解·品》中描写了他认为理想的饮茶环境，"山堂夜坐，手烹香茗，至水火相战，俨听松涛，倾泻入瓯，云光缥缈，一段幽趣，故难与俗人言"。

　　屠隆在《茶说·九之饮》中道："若明窗净几，花喷柳舒，饮于春也。凉亭水阁，松风萝月，饮于夏也。金风玉露，蕉畔桐阴，饮于秋也。暖阁红垆，梅开雪积，饮于冬也。僧房道院，饮何清也，山林泉石，饮何幽也。焚香鼓琴，饮何雅也。试水斗茗，饮何雄也。梦回卷把，饮何美也。古鼎金瓯，饮之富贵者也。瓷瓶窑盏，饮之清高者也"。

张源在《茶录》中说："饮茶以客少为贵，客众则喧，喧则雅趣乏矣。独啜曰神，二客曰胜，三四曰趣，五六曰泛，七八曰施。"

徐渭在《煎茶七类》中，把"凉台静坐，明窗曲几，僧寮道院，松风竹月，晏坐行吟，清谭把卷。"作为品茗的上佳环境。

冯可宾在《茶笺·宜茶》中，对品茶提出了十三宜："无事、佳客、幽坐、吟咏、挥翰、徜徉、睡起、宿醒、清供、精舍、会心、赏览、文童"，其中所说的"清供"与"精舍"，指的即是茶席的摆置。

二、明代茶席设计的百科全书《长物志》

晚明的文震亨所撰的《长物志》可谓是一部生活艺术的百科全书。这部作品并非是茶文化的专门论著，书名"长物"，取的就是身外之物的意思，这些东西饥不可食、寒不可衣，是一些"雅人之致"所喜好的东西。其实就是晚明文人高度艺术化的生活用品。作者文震亨，字启美，苏州人，是文徵明的曾孙。这位"生活艺术家"整日游园、书画、抚琴、品茗，风雅到了极致，明亡后他却以死殉节。《长物志》分室庐、花木、水石、禽鱼、书画、几榻、器具、位置、衣饰、舟车、蔬果、香茗十二类。园林的营造，器物的选用摆放，收藏赏鉴的方法，名茶的鉴别享用等都无所不通。

恰恰是由于《长物志》并非茶文化的专论，书中所罗列描绘的十二类风物，每一样都可以配茶。因此这是一部可贵的茶席艺术的百科全书。

特别要重视的如第十二卷"香茗"，不仅详细地罗列了茶品、茶器，也介绍了各种香料，以及第二卷"花木"中的"瓶花""盆玩"，第五卷"书画"。插花、焚香、挂画都是茶席的几大要素。第三卷"水石"，水的品鉴属于茶文化的一部分，所列名石也是构成茶席环境，或者是茶席中的重要摆件。如果要了解铺设的茶席桌椅案几就不能不读第六卷"几榻"，如果要选择茶席上的配器就非读第七卷"器具"不可，如要研究茶席上的着装与服饰不妨读一读第八卷"衣饰"，如要研究茶席上的茶果茶点则要看第十一卷"蔬果"。

关于茶席空间的营造要格外注意第一卷"室庐"中第十一个条目就是"茶寮"："构一斗室，相傍山斋，内设茶具，教一童专主茶役，以供常日清谈，寒宵兀坐；幽人首务，不可少废者。"这是对明代茶席、茶空间的总结。第十卷"位置"，专门谈各种家具、器用的陈列、摆放，对茶席设计大有启发。其中条目七"小室"："几榻俱不宜多置，但取古制狭边书几一，置于中，上设笔砚、香合、薰炉之属，俱小而雅。别设石小几一，以置茗瓯茶具；小榻一，以供偃卧趺坐，不必挂画；或置古奇石，或以小佛橱供鎏金小佛于上，亦可。"也是对茶席空间布置的经验之谈。

三、明代茶画中的茶席

明代茶画已蔚为大观，多能表现明代茶席艺术的风貌，因此则要述之。

唐寅的茶画代表作为《事茗图》现藏于北京故宫博物院，描绘文人雅士夏日品茶的生活景象。开卷但见群山飞瀑，巨石巉岩，山下翠竹高松，山泉蜿蜒流淌，一座茅舍藏于松竹之中，环境幽静。屋中厅堂内，一人伏案观书，案上置书籍、茶具，一童子煽火烹茶。屋外板桥上，有客策杖来访，一童携琴随后。泉水轻轻流过小桥。透过画面，似乎可以听见潺潺水声，闻到淡淡茶香。具体而形象地表现了文人雅士幽居的生活情趣。此图为唐伯虎最具代表性的传世佳作。画面用笔工细精致，秀润流畅的线条，精细柔和的墨色渲染，多取法于北宋的李成和郭熙，与南宋李唐为主的画风又有所不同，为唐寅秀逸画格的精作。幅后自题诗曰："日长何所事，茗碗自赍持。料得南窗下，清风满鬓丝。"引首有文徵明隶书"事茗"二字，卷后有陆粲书《事茗辨》一篇。作品呈现出明代文人的茶空间格局。

文徵明好茗饮，一生以茶为主题的书画颇丰，书法有《山静日长》《游虎丘诗》等，绘画有《惠山茶会图》《品茶图》《林榭煎茶图》《茶具十咏图》等，而《惠山茶会图》是文徵明的茶画中堪称精妙之作，现藏于北京故宫博物院。此画描绘文徵明与好友蔡羽、汤珍、王守、王宠等游览无锡惠山，在山下井畔饮茶赋诗的情景。二人在茶亭井边席地而坐，文徵明展卷颂诗，友人在聆听。古松下一茶童备茶，茶灶正煮井水，茶几上放着各种茶具。作品运用青绿重色法，构图采用截取法，突出"茶会"场面。树木参差错落，疏密有致，并运用主次、呼应、虚实及色调对比等手法，把人物置于高大的松柏环境之中，情与景相交融，鲜明表达了文人的雅兴。笔墨取法古人，又融入自身擅长的书法用笔。画面人物衣纹用高古游丝插，流畅中间见涩笔，以拙为工。作品呈现了明代文人在大自然中的茶席、茶会情景。

■《事茗图》

丁云鹏《煮茶图》，以卢仝煮茶故事为题材，但所表现的已非唐代煎茶而是画家所处时代的泡茶了。图中描绘了卢仝坐榻上，双手置膝，榻边置一竹炉，炉上茶瓶正在煮水。榻前茶几有茶罐、茶壶、盏托和山石盆景等，构成典型的明代泡茶席。丁云鹏还有一幅《玉川煮茶图》，内容大致相似，但茶席所在的环境有所变化。芭蕉和湖石后面增添了几竿修竹，芭蕉上绽放了红花。卢仝坐在芭蕉树下，手执羽扇，目视茶炉，正在聚精会神候汤。身后芭蕉叶铺在石上，上置汤壶、茶壶、茶罐、茶盏等。右边长须老奴执壶而行，似是汲泉而来，左边赤脚老婢，双手捧着茶果盘而来。

　　陈洪绶的作品多有茶事题材。《闲话宫事图》中有一男一女品茶，两两对坐茶席。巨型石桌上置茶壶、茶杯、贮水瓮、茶盒、瓶花。以石为席，配以插花。中间放一把紫砂壶，壶中有茶，茶中有情，此情可待成追忆。这点情似乎落到图中的美人身上，女子手执一卷，眼光落于书上，深思却在书外。宫事早去，只能闲话一二。勾线劲挺，透着怪诞之气，其中女子虽仍旧是一派遗世独立样子，有"深林人不知，明月来相照"的意境。

■ 《惠山茶会图》

■ 明 佚名 《煮茶图》 2014 年香港佳士德拍品

■ 丁云鹏 《玉川煮茶图》 故宫博物院藏

■ 明　陈洪绶　《停琴啜茗图》　　　　　■ 明　陈洪绶　《闲话宫事图》　　　　　■ 明　仇英　《西园雅集图》

■ 明　仇英　《松溪论画图》

第四节　清代茶席

清代茶文化江河入海，蔚为壮观。茶席方面形成了高度艺术化的"工夫茶"形态，文人雅士又进一步将茶与文玩清供相结合。曹雪芹在《红楼梦》"栊翠庵茶品梅花雪"一回中对茶席艺术高度夸张的文学化、艺术化表达，正是这个时代对历代沿袭而来、过于丰富的茶文化加以总结概括的一次尝试。

一、工夫茶茶席

清代瀹茶法进一步发展，逐渐在闽地形成潮州工夫茶，成为中国茶文化中的楚翘。所谓工夫茶，乃是一种由主、客数人共席、沸水冲之蓄茶小壶后再注入小杯品饮的方式。

清代俞蛟的《潮嘉风月·工夫茶》中记载："工夫茶，烹治之法，本诸陆羽《茶经》，而器具更为精致。炉形如截筒，高约一尺二三寸，以细白泥为之。壶出宜兴窑者最佳，圆体扁腹，努嘴曲柄，大者可受半升许。杯盘则花瓷居多，内外写山水人物极工致，类非近代物，然无款志，制自何年，不能考也。炉及壶、盘如满月。此外尚有瓦铛、棕垫、纸扇、竹夹，制皆朴雅。壶、盘与杯，旧而佳者，贵如拱璧，寻常舟中不易得也。先将泉水贮铛，用细炭煎至初沸，投闽茶于壶内冲之，盖定，复遍浇其上，然后斟而细呷之。气味芳烈，较嚼梅花更为清绝，非拇战轰饮者得领其味……"可见，在清代工夫茶的茶席面貌已经确立，并且相当完善。

■ 潮州天羽茶斋传统工夫茶席

潮州工夫茶茶席素有"四宝"，分别是：红泥炉（煮茶风炉）、玉书碨（砂铫）、孟臣罐（宜兴紫砂壶，也有枫溪窑朱泥小罐）、若琛瓯（景德镇或枫溪窑白瓷杯）。此外，还有"潮阳颜家锡罐""潮安陈氏羽扇"等，茶品是凤凰单丛。上等工夫茶具共十八种，构成工夫茶席，饮茶之家，必须一一具备，方可称得上"工夫"二字。茶席构成如下：

1. **茶壶**　俗名"冲罐"，以江苏宜兴朱砂泥制者为佳。特别看重的是"孟臣""铁画""秋圃""萼圃""小山""袁熙生"等。用手拉朱泥壶泡茶，色香皆蕴，发茶性好，透气性也好，泡完茶，把壶中水分滴尽，茶叶在壶中存放近十天后，茶叶仍能发出香气。壶之采用，宜小不宜大，宜浅不宜深。其大小之分，视饮茶人数而定，有二人罐、三人罐、四人罐等之别。

2. **盖瓯**　形如仰钟，有上盖，下有茶垫。盖瓯本为宦家供客自斟自啜之器，因有出水快、去渣易之优点，潮人也乐意采用，尤其是遇到客多稍忙的场合，往往用它代罐。

3. **茶杯**　分两种：寒天用的，口边不外向；夏天用的杯口微外向，俗称反口杯，端茶时不太烫手。杯宜小宜浅，小则一啜而尽，浅则水不留底。三个杯拼在一起是个"品"字。

4. **茶洗**　翁辉东《潮州茶经》说：烹茶之家，必备三个，一正二副，正洗用以浸茶杯，副洗一以浸冲罐，一以储茶渣及杯盘弃水。新型的茶洗，上层就是一个茶盘，可陈放几个茶杯，洗杯后的弃水直接倾大盘中，通过中间小孔流入下层，烹茶事毕，加以洗涤后，茶杯、茶瓯（冲罐）等可放入茶洗内，一物而兼有茶盘及三个老式茶洗的功能，简便又不占用太多空间。

5. **茶盘**　茶盘宜宽宜平，宽则可容四杯，有圆如满月者，有方如棋枰者；盘底宜平，边缘宜浅，则杯立平稳，取饮方便。

6. **茶垫**　形状如盘而小，用以放置冲罐、承受沸汤。茶垫式样也多，依时各取所需：夏日宜浅，冬日宜深，深则多容沸汤，利于保温。茶垫之底，托以"垫毡"；垫毡用秋瓜络，其优点是无异味，且不滞水。

7. **水瓶**　水瓶贮水以备烹茶。瓶之造型，长颈垂肩，平底，有提柄，素瓷青花者为佳品。另有一种形似萝卜樽，束颈有嘴，装饰以螭龙图案，名"螭龙樽"，俗称"钱龙尊"，属青瓷类，同为茶家所重。

8. **水钵**　多为瓷制，款式亦繁。置茶几上，用以贮水，并配椰瓢淘水。有明代制造之水钵，用五金釉，钵底画金鱼二尾，水动则金鱼游跃，堪称稀有。

9. **龙缸**　容量大，托以木几，置斋舍之侧。素瓷青花，气色盎然。

10. **红泥火炉**　高六七寸。另有一种"高脚炉"，高二尺余，下半部有格，可盛橄榄炭。

11. **砂铫**　潮州枫溪附近所产的白泥砂铫，嘴小流短、底阔论平、柄稍长，外刷一层白陶釉，油光锃亮，造型古朴稳重。除了白泥，还有红泥，刻有书画的红泥小炭炉甚是出色。

12. **羽扇**　用白鹅翎制作，舞台上诸葛亮用的是大羽扇，潮州雅人用来扇炉的是小羽扇，平常所用灰色的鹅鸭羽扇为多。

13. **铜筷**　旧时挟炭用铁箸多，铜箸是上品，也有用小铁钳的。

14. **锡罐**　名贵之茶，须用名罐贮藏。潮阳颜家所制锡罐，罐口密闭，最享盛名。如果茶叶品种繁多，锡罐数量也要相应，做到专茶专藏。

15. **茶巾**　用以清洁净涤茶器。

16. **竹箸**　竹箸，用以挑茶渣。近年来多用挟茶渣的木挟、竹挟和角挟。

17. **茶几**　或称茶桌，用以摆设茶具。

18. **茶橱、茶担**　茶人喝茶在花园雅室书斋，常陈设有博古架和茶橱。茶橱比长衫橱小，多单扇门，上下多层，外饰金漆画和金漆木雕，内放珍贵茶具和茶叶。茶担是一对可供挑担外出的茶柜，内设多层，一头放茶壶杯盘、茶叶、茶料和书画；一头放风炉、木炭、羽扇、炭箸、水瓶。茶人要登山涉水、上楼台、下船舶，茶童就挑着这种茶担子跟随。

中国茶席艺术自唐至今，虽然茶法历代沿革，但精神实质生生不息，工夫茶茶席成为当今仍然能够流行、运用的经典茶席，生动鲜活、原汁原味。直到今天，潮州工夫茶有它的鲜明个性，走进潮州地区家家户户，从早到晚都摆着工夫茶席，饮茶不止。工夫茶的茶席成为清代以降传统茶席的主流，对后来茶席艺术的发展产生重大的影响。

二、清供与茶席

清代茶画中"清供"题材甚为发达，清供图成为国画中的常见题材。茶器往往成为清供的对象，茶席也就成为了纯粹的审美对象。如薛怀的《山窗清供图》，吴昌硕的《品茗图》等。

薛怀，清乾隆年间人，字竹君，号季思，江苏淮安人，擅花鸟画。他的《山窗清供图》以线勾勒出大小茶壶和盖碗各一，用笔略加皴擦，明暗向背十分朗豁，其中掺有西画的手法，使其质感加强，更加突出了茶具的质

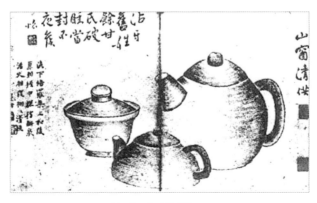

■ 《山窗清供图》

朴可爱。画面上自题五代诗人胡峤诗句："沾牙旧姓余甘氏，破睡当封不夜候。"另有当时诗人、书家朱显渚题六言诗一首："洛下备罗案上，松陵兼到经中。总待新泉活水，相从栩栩清风。"道出了茶具功能及其审美内涵。在清代茶具作为清供入画，反映了清代人对茶文化艺术美的又一追求，更多隽永之味，引发后人的遐想。

■ 《烹茶洗砚图》

钱慧安绘有《烹茶洗砚图》，画中亭榭傍山临溪，掩映在古松之下。亭中一文士手扶竹栏，斜依榻上。身后的长桌上，一壶一杯，古琴横陈，还清供有瓶花、书函、古玩等。一童子在溪边洗砚，引来几条金鱼。一童子在石上挥扇煮水，红泥火炉上置提梁砂壶。

■ 吴昌硕 《品茗图》

■ 吴昌硕 《案头清供》

吴昌硕爱梅爱茶，他的作品也不时流露出一种如茶如梅的清新质朴感。他74岁时画的《品茗图》充满了朴拙之意。一丛梅枝自右上向左下斜出，疏密有致，生趣盎然。花朵俯仰向背，与交叠穿插的枝干一起，造成强烈的节奏感。作为画中主角的茶壶和茶杯，则以淡墨勾皴，用线质朴而灵动，有质感，有拙趣，与梅花相映照，更觉古朴可爱。吴昌硕在画上所题"梅梢春雪活火煎，山中人兮仙乎仙"，道出了梅茶清供的乐趣。

　　那么，何为清供呢？

　　清供，清雅的供品。旧俗凡节日、祭祀等用清香、鲜花、清蔬等作为供品。之后发展为文人放置在室内案头供观赏的物品摆设，主要包括各种盆景、插花、时令水果、奇石、工艺品、古玩、精美文具等，可以为厅堂、书斋增添生活情趣。清代黄景仁《元日大雪》诗云："不令俗物扰清供，只除哦诗一事无。"

■ 《岁朝图》

　　清供源于魏晋时期的佛供，完整的体系大约产生于唐以后。清供可分为"有名之供"和"无名之供"。有名之供，可按节分，如岁朝清供、瑞阳清供、中秋清供等；亦可按礼俗分，如寿诞清供、婚喜清供、成人清供等。无名之供，是在非节日之时随心摆上几样物品来"供奉"自己内心的情趣。

　　岁朝清供是指正月初一这一天的清供摆设，主要包括各种盆景、插花、时令水果、奇石、工艺品、古玩、精美文具等，寓意吉祥，可以为厅堂、书斋增添生活情趣。汪曾祺写过一篇著名的散文《岁朝清供》，其中谈到岁朝清供是中国画家爱画的画题。画里画的、实际生活里供的，无非是这几样：天竹果、腊梅花、水仙。有时为了填补空白，画里加两个香橼。"橼"谐音圆，取其吉利。水仙、腊梅、天竹，是取其颜色鲜丽。隆冬风厉，百卉凋残，晴窗坐对，眼目增明，是岁朝乐事。

　　张中行写过一篇《案头清供》。一黄色的大老玉米棒，一鲜红椭圆而坚硬的看瓜，一上下两截一样粗的葫芦，鼎足而三，构成了张家植物谱系的独特书案风景。张先生明言自己是常人，有向往，也有寂寞，故清供三件，一系"为无益之事"，"以遣有涯之躯"；二是说得积极些，有时面对它，映入目中，就会"想到乡里，想到秋天"。他的思路和情丝会常常忽然一跳，无理由地感到周围确有不少温暖，所以"人生终归是值得珍重的"。

杜文和写过一本散文集叫做《书斋清供》，旨在复兴中国文人的美感。书斋清供也就是文房清供，是中国传统文房辅助用具组合的一种雅称，也称文房杂器，又因多由精美的工艺造型和极具观赏性的器物组成而被称为"文玩"。

嘉兴耆宿吴藕汀画过《廿四节候图》，一个节气一张清供图，图上是时令清供与他的诗作，妙极。二十四节气清供名目及诗作抄录在此，以备茶席选用。

❀立春清供：梅花、茄子、番茄、椰花菜。
蔬菜非时价不赀，农家贪利俗难医。立春喜得晴窗好，为爱梅花写一枝。

❀雨水清供：水仙、万年青、百合、灵芝、柿子。
万年如意好音来，百事咸宜笑口开。雨水正逢元旦日，黄金杯重压银台。

❀惊蛰清供：杏花、汾酒坛、香蕉、荸荠、橘子、苹果、猕猴桃、黑波浪。
杏花村酒寄千程，佳果满前莫问名。惊蛰未闻雷出地，丰收有望看春耕。

❀春分清供：白山茶、春兰。
度曲犹存玉茗堂，钗头妙语斗新妆。春分昼夜无长短，风送窗前九畹香。

❀清明清供：桃花、茶壶、茶杯、螺蛳。
晚食螺蛳青可挑，无瓶红萼小桃妖。清明怅望双双燕，社近新茶云水遥。

❀谷雨清供：黄杜鹃、红杜鹃。
浮云富贵客心寒，故里空怀紫牡丹。谷雨毋须添国色，江南上巳杜鹃看。

❀立夏清供：樱、笋、芍药、蕙兰。
多年不见小黄鱼，寄客何来樱笋厨。立夏将离春去也，几枝蕙草正芳舒。

❀小满清供：泡桐花、野蔷薇、蛇莓、蒲公英、半边莲。
白桐落尽破檐牙，或恐年年梓树花。小满田塍寻草药，农闲莫问动三车。

❀ 芒种清供：石榴花、梅子、蚕豆、金钱菖蒲、虎须菖蒲。

熟梅天气豆生蛾，一见榴花感慨多。芒种积阴凝雨润，菖蒲修剪莫蹉跎。

❀ 夏至清供：粽子、枇杷、杨梅、蒜头、蜀葵、魔芋。

老馗不画过端阳，果物陈前念故乡。夏至树无知了叫，庭开独立一枝枪。

❀ 小暑清供：百合花、卷丹花、荔枝。

水晶肉露醉中颜，一骑红尘诳玉环。小暑卷丹同百合，太湖湖上升山间。

❀ 大暑清供：荷花、李子、西瓜。

芙蓉始发绛云霞，李僭徐园不足夸。大暑难忘封墅庙，而今无此好西瓜。

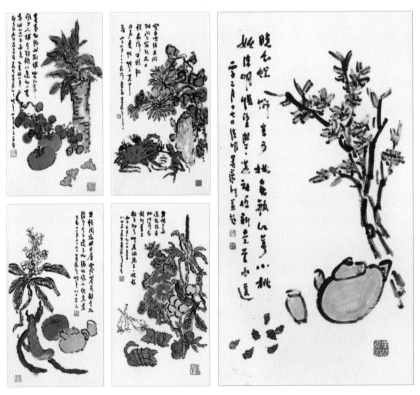

■ 吴藕汀 《廿四节候图》

❀ 立秋清供：蟠桃、水蜜桃、锦荔枝、葡萄、白萼、九头狮子草、叫哥哥（蝈蝈）。

檐果栏花落叶惊，瑶池仙种正滋荣。立秋欲试鸣虫候，砚北先听蝈蝈声。

❀ 处暑清供：凤仙花、鸡冠花、莲蓬、藕、南湖菱。

南湖无角小青菱，藕节莲房感废兴。处暑凉蜇鸣砌下，鹊桥已断更愁增。

❀ 白露清供：哈密瓜、椰子、秋海棠、香菇。

行年八十见胡瓜，又识青皮海南椰。白露秋心思往事，不堪回首断肠花。

❀ 秋分清供：月饼、桂花、栗子、建兰、南瓜。

月饼团圆味不甘，桂花栗子建兰三。秋分过后中秋夜，偷个南瓜生个男。

❀ 寒露清供：菠萝、老姜、弯菱、石蒜花。

花开龙爪醉颜酡，老鼠搬姜没奈何。寒露环弯菱角煮，撩人旧梦画菠萝。

❀ 霜降清供：黄菊、酒壶、蟹。

登高吃酒久阑珊，开在篱头花又檀。霜降尖团肥正美，囊悭唯有画中看。

❀ 立冬清供：橘、橙、柚、柑、芭蕉叶。

蜡实珊头见也难，橙黄橘绿味嫌酸。立冬千树思南国，屋角芭蕉雨打残。

❀ 小雪清供：野菊花、山楂、青菜。

篱边野菊正堪娱，戏把山楂串念珠。小雪寒菘虫害少，何妨大胆入庖厨。

❀ 大雪清供：洋葱、马铃薯、佛手瓜、石榴。

石榴开裂已将残，尚有馀花供静观。大雪天时记年少，新蔬根蕨未登盘。

❀ 冬至清供：铜炉、线版、红萝葡、紫萝葡、丁香萝葡。

又逢数九耐寒中，菜菔充庖同晚菘。冬至女红添一线，暖炉常用忆张铜。

❀ 小寒清供：鲜花一束、水仙头、梅花饺。

众卉欣荣非及时，漳州冷艳客来饴。小寒惟有梅花饺，未见梢头春一枝。

❀ 大寒清供：天竺子、蜡梅、山茶、佛手。

天竺子红檐雀含，蜡梅何处问东南。大寒山有茶花放，案供清香佛手柑。

　　清供的形式、内涵、寓意与美感与茶席有许多共通之处，是茶席艺术重要的传统土壤，大有参考、学习的价值，值得茶人们格外的关注。

三、同时期日本煎茶道的茶席论著

我们通常所说的日本茶道多指抹茶道，而抹茶道之外还有煎茶道。日本的煎茶道是从中国明代开始散茶冲泡的瀹茶法演变而来。煎茶道自卖茶翁始，在日本得到了长足的发展，到日本的明治年间即中国晚清时期，已经形成了一批茶席研究的专著图录。

1.《卖茶翁茶器图》

卖茶翁原名柴山元昭（1675—1763），日本江户时代人（清康熙年间），他出过家后还俗。他是中国茶文化的热爱者和推广者，终其一生所推广的饮茶方式，承袭明以来的瀹茶法，与日本另一支延续宋代抹茶法的茶人形成鲜明对比。到了晚年，卖茶翁门前宾客盈门，功利之徒拼命收集他的各种用具。81岁那年，他选择四件紫砂茶具送给好友，其余一把火烧个精光，化为灰烬，归还大地，89岁时坐化。

《卖茶翁茶器图》1823年刻，乃木村孔阳氏摹写卖茶翁茶具计30件，彩绘木刻，甚精细。亦犹可远窥唐宋古器形制之大略。

炉龛：放置炉子的小阁子。

都篮：饮茶完毕，收贮所有茶具，以备来日。

急烧：又称急须、煮茶、暖酒器名。

铜炉：为生火煮茶之用，以锻铁铸之，或烧制泥炉代用。

子母锺：成套的茶杯。

瓢杓：大多由葫芦制成。用来舀水。

注子：古代汉族酒器。金属或瓷制成。可坐入注碗中。始于晚唐，盛行于宋元时期。起到保温作用。

钱筒：存放古时钱币，多由竹制成。

乌橝：用途不明，从器物文字上似乎可以判断是收纳废物的器皿。

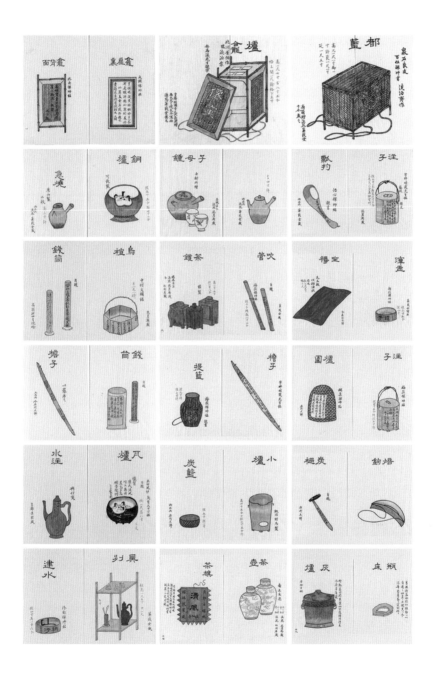

茶罐：存放茶叶的罐子，锡制成。因锡稳定密封度好，故多用其存放茶叶。

吹管：起炉火时用的吹火管子。街边卖茶必要茶道具。

尘褥：铺或盖用的毯子。

滓盂：又称水盂，盛放废水茶渣的器皿。

檐子：类似于扁担的作用。挑货担子。

钱筒：大小竹筒用来存放钱币。

水注：注水壶。

瓦炉：顾名思义，用瓦烧制为生火煮茶之用。

炭篮：盛放烧水炭的容器，外面多由竹篾制成，里层包裹黑色油纸。

小炉：生火炉。

提篮：存放杂物的篮子。

炉围：罩在炉子外的竹篓，起到隔断保护的作用。

注子：古代酒壶。金属或瓷制成。可坐入注碗中。

炭树：用来砸炭的铁锤。

焙钩：又名茶焙，是一种竹编，外包裹箬竹的叶子。因箬叶有收火的功效，可以避免把茶叶弄黄。茶放在茶焙里，要求小火烘制。

建水：盛放废茶水的器皿。

具列：用以陈列茶器，现在通常称为茶棚。

茶旗：类似今天店铺门口的广告牌，招揽客人用。

茶壶：存放茶叶的罐子。日本称为茶入或者茶心壶。

灰炉：烧水炉的一种。下面没有通风口，现今日本茶道具中发展为火钵或瓶挂。

瓶床：现在统称为瓶座，稳定壶和瓶的放置。

《卖茶翁茶器图》中所罗列的这些茶器对当今茶席设计的影响很大，很多茶器都能在今天的茶席上找到。

2.《清风·煎茶要览》

《清风·煎茶要览》东园编，1851年版。书中不仅详细介绍了关于煎茶法各种内容，还以绘画的形式画出煎茶道所需的重要茶器种类，并绘制了茶席8种。

3.《煎茶图式》

《煎茶图式》由酒井忠恒编，松谷山人吉村画，1865 年版。书中以绘画的形式画出煎茶道的茶席 6 种。

4.《青湾茶会图录》

《青湾茶会图录》共分天、地、人三卷，田能村直入著，1863 年版。这是著录煎茶道茶席的重要著作。全书详细描绘和记录了 18 种茶席。

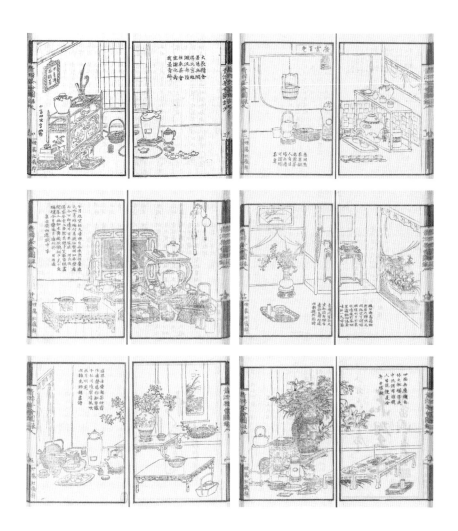

5.《清赏余录》

《清赏余录》分乾坤二卷，黑川新三郎编著，1898 年版。清赏是指幽雅的景致或清雅的玩物，如金石、书画等。此书是集诗书画于一体的展览目录。其中绘画内容主要包含插花、盆景、茶席等共 12 席。

第五节　当代茶席

　　中国茶文化到晚清民国走入低谷，民族与茶一起，苦难深重，一度在文化上遭受"休克"。物质上，生存遭到空前考验，精神上，新文化运动以来传统文化势微，何况是茶席艺术。

一、中国台湾茶席艺术发展

　　直到20世纪下半叶，茶席艺术随着茶艺在台湾地区率先复苏。1981年，周渝先生的紫藤庐作为茶空间的艺术，是一个明显的标志。以紫藤庐为代表的台湾茶人们在茶席艺术的创作与探索方面成为先行者。

　　1990年以蔡荣章为代表的台湾茶人创立了"无我茶会"，1991年10月14—20日由中、日、韩三国七个单位联合在福建和香港举办了"幔亭无我茶会"，除进行两次无我茶会外，还进行了三次茶艺观摩，并在武夷山立了

■ 民国茶席

纪念碑，正面的碑文为"幔亭无我茶会记"反面的碑文为"无我茶会之精神"。1992 年 11 月 12—17 日在韩国汉城，韩国国际茶文化协会主办了第四届国际无我茶会。出席茶会的有中、日、韩三国代表共 300 余人。经各代表团团长会议讨论，隔 2 年轮流在各处召开 1 次。茶席是茶会的基本单位，随着"无我茶会"的创立与发展，茶席艺术开始得到迅速发展。

二、中国香港茶席艺术发展

1989 年叶惠民创办了"香港茶艺中心"，并在香港开出了第一间茶艺馆博雅茶坊，成为香港茶艺、茶席的生力军。1997 年香港回归，特别举办了"香港国际茶艺博览"，其中的"香港无我茶会"以及"全港茶艺大赛"都为香港的茶席艺术发展起到了积极作用。1999 年香港举办规模空前的"香江世纪茶会"，海峡两岸暨近 12 000 人参加茶会，上千席茶席。

三、中国澳门茶席艺术发展

2000年9月17日罗庆江创立"澳门中华茶道会"，成为澳门茶席艺术发展与传播的里程碑。2001年6月举办第一届"镜海茶缘"茶文化活动日，展出茶席设计作品10套，并在《农业考古茶文化专号》发表，引起全国的广泛关注。2003年3月第十四届澳门艺术节上展示茶席艺术作品13套，标志着澳门茶席艺术进入成熟阶段。

四、内地茶席艺术发展

1989 年由商业部、中国茶叶进出口公司等在北京主办了"茶与中国文化展示周"，这个活动标志着中国内地的茶文化复兴开始了。1992 年在杭州成立的中国国际茶文化研究会为中国茶文化的发展起到了巨大的推动作用。其中，姚国坤先生、张莉颖女士为中、日、韩、东南亚等国以及港、澳、台地区的茶艺、茶席的交流互动起到了不容忽视的作用。

2000 年前后，由陈文华先生主编的杂志《农业考古茶文化专号》和阮浩耕先生主编的杂志《茶博览》成为茶席艺术发表的重要阵地。

2002 年阮浩耕先生邀请澳门罗庆江先生在杭州中国茶叶博物馆举办了"浙澳茶具组合艺术展"。作品《忆江南》《人迷草木间》《澳门之夜》等茶席在审美上都有新的突破。

2003 年上海市筹备成立茶业职业培训中心，在培训计划中有茶席设计的课程。2004 年上海举办"海峡两岸茶艺交流大会"，来自北京、浙江、福建、安徽、台湾及上海的代表队布置了 30 余个茶席设计作品。这些作品构思奇巧、造型精美、形式多样、风格独具且涵义深刻。2005 年，在已经举办多届的上海国际茶文化节上，"茶席设计"首次被纳入活动内容。

明确以"茶席设计大赛"名义举办的活动，始于 2009 年。4 月 16 日，在杭州浙江树人大学的校园内举办了"首届中外茶席设计大赛"。来自中国台湾陆羽茶艺中心、浙江树人大学茶文化专业、日本茶道丹月流、宝千流、广东恒福茶业、水源合茶坊、太极茶道馆、公刘子茶

2010
杭州·國際茶席展
2010 Hangzhou International Tea Table Setting Exhibition
Mostra Internazionale sul Rito del The'
2010杭州·国际茶席展览会
2010년 항주·국제 찻자리 전시회

总策展人: 王旭烽 张莉颖
展厅艺术总监: 潘城
统筹: 周新华
指导老师: 龚韩丹 马莉 温晓艳 李文杰 黄翼鸿
布置: 浙江农林大学茶文化学院 杭州丞人工作室

主办单位:
中国国际茶文化研究会
浙江农林大学
临安市人民政府

承办单位:
临安市茶文化研究会
临安市贸易局
浙江农林大学茶文化学院
杭州中国茶都品牌促进会

道苑等多家单位选送了茶席作品。比赛结束后，浙江树人大学请参会的多名资深茶文化专家开展论坛讲座，给与会代表及大学生讲授茶道、香道、花道、书画欣赏、日本料理赏，谓之"五艺雅集"，推动了茶席艺术的理论研究。

2010 年 10 月"2010 杭州·国际茶席展"在杭州临安浙江农林大学举行，由浙江农林大学茶文化学院承办。此次茶席展国际参展队伍分别来自日本中国茶讲师协会、韩国青茶道研究院、新加坡留香茶道、印度尼西亚棉兰茶艺联谊会、意大利布雷西亚 LABA 美术学院以及中国澳门特区澳门中华茶道会。国内参展队伍分别来自浙江农林大学茶文化学院、浙江大学茶学系、浙江树人大学、安徽农业大学、南昌大学大学生茶艺队、江西工业贸易职业技术学院茗馨茶艺表演队、杭州绿城育华学校、杭州·中国茶都品牌促进会、临安市茶文化研究会等。这次的茶席展进入了专业的室内展厅，室内室外互动，来自 10 个国家和地区的 40 个茶席艺术精品各具风格与魅力，吸引了数千名观众参观。"2010 杭州·国际茶席论坛"与这次茶席展同步进行，在茶席艺术的理论研究方面取得了丰硕的成果。

茅盾文学奖得主、浙江农林大学茶文化学院学科带头人王旭烽教授特为此次茶席展作了唯美的序言，特录于此：

这是一方美的所在，从绿叶的经络中游走而来的思绪，编织成了这片茶世界——我们称之它为茶席。

茶的世界有它的母语，每个字母都由茶叶组成，它们已然被展示出来了，实际上，她们不需要诠释，我们只需要领略。

茶席，原本是因为人类生活的日常物质需要而被创造出来的，然后便进入了美。因为美也是人类的需要，人类精神生活的需要，人类诗意地居住在大地上的需要。

然而美也是必需被丰富、被发现、被一次次再创造的；而且美也是要从固有的法则中一次次被超越、同时又必须一次次被坚守的；凡此种种，都呈现在了本次茶席展的悠久历史和当代风貌中。

　　我们将在本次茶席展中看到完全不同风格的艺术品相；同时，我们也会听到茶人内心深处的一声赞叹和一弧疑问：原来茶席可以这样被展示吗？它的疆域究竟在哪里呢？它真的可以脱离原本具有的物质功能内涵而完全进入精神、成为茶领域中独立存在的文化符号吗？

　　我们在这里看到了东方茶精神和西方茶精神以及它们在融合中创造的新概念。参赛者们对茶席有着如此鲜明独特的认识，使我们感受到了一片茶叶中内在的巨大张力。在小小一方茶席上，我们闻到了来自太平洋和大西洋的大海的气息。

　　难道这不是人类关于茶的最惬意的领悟和享受吗！

第三章
各国茶席

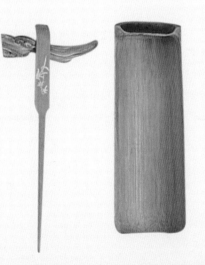

斗室天寒对酪奴，竹间雪鼎与风炉。

——金·李俊民《陶学士烹茶图》

茶文化的源头在中国，但千百年来茶流布到世界各地，形成了灿若星汉的世界茶文化，而各国、各民族的茶文化正是通过他们各自的茶席得以呈现出来的。

2010年浙江农林大学茶文化学院举办了杭州国际茶席展，由我担任了策展工作。我们将四十多个来自五湖四海的茶席艺术作品纳入同一个空间之中，每个茶席都将各自国家的文化收纳在杯盏之间。2016年4月我们为了配合20国集团峰会在杭州召开，策划实施了G20国际茶席艺术展在杭州亮相。20个茶席分别表现了20种文化内涵，并与中国茶文化相结合，体现了和谐共赢的理念。

本章以这两场国际茶席展中的作品为解读对象，有些是将世界各国的茶席概貌呈现出来，有些则是通过茶席艺术诠释其对异国文化的理解。

第一节　中国茶席

1. 钱塘风雅：《文人茶案》

茶席表现杭州明清时期文人的雅致品茗生活，茶品为西湖龙井，茶器为隐青釉敞口茶盏、龙泉青瓷小茶罐、朱泥紫砂壶和隐青釉小饮杯乌龙茶具组等。

茶进入中国人的生活已有4 700多年的历史。从"柴米油盐酱醋茶"，到"琴棋书画诗酒茶"，表述的是这个农耕国家的文明发展史，而茶在其中更是凝聚了农耕文明的精髓。茶之于中国人，从关乎生命、生存的必要生活资料，走向充满中国人文精神、农耕智慧的文化产物。六百多年前，明洪武皇帝下诏：罢龙团凤饼，改散形茶！从此中国茶衍生出六大茶类，瀹茶之法一直延续至今。

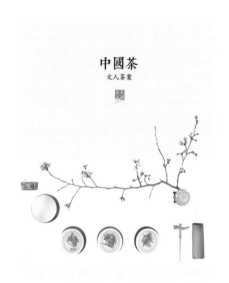

绿茶是六大茶类中最早形成的一大茶类，绿茶细腻淡雅的风骨，恰如其分地彰显了中国主流阶层士大夫的生活态度、审美取向。中国茶席《文人茶案》席面陈设景德镇隐青釉敞口茶盏，形制依据台北故宫藏瓷明宣德宝石红茶盅，细瓷盏可用以沏绿茶。龙泉青瓷小茶罐是南宋风格的，细腻、精致，适合储绿茶。茶席另一侧是传统榫卯工艺制成的明式多宝阁，用以列具。日常茶具选用私人藏品辛亥年制"七贤图"刻瓷壶配壬子年制"五子图"

■ 《文人茶案》 杭州和茶馆　庞颖　作品

刻瓷杯。此茶具组再现了当时文人之间以茶交往的情境。茶具本身体现了景德镇制瓷的成就，其题材更是表达了主人对清雅生活方式的追求，以及他们的处世价值。朱泥紫砂壶和隐青釉小饮杯乌龙茶具组、景德镇古窑复制加拿大路易斯堡博物馆藏瓷"雍正青花茶罐"、紫砂小盆景、曲水流觞香具。如此席面、案头展陈的是中国人日常饮茶的一应用具，这些茶具的工艺成就、审美取向，以及在日常生活中各自的功能，表现了茶是中国人的重要生活方式，也表达了中国人在农耕文明中创造的独具魅力的东方艺术与文化。展示了明清时期的江南，特别是本次 G20 峰会的举办城市——杭州在品茗方面的精致与典雅。

2. 中国澳门茶席：透出生活的茶之美

澳门中华茶道会的系列茶席给人最强烈的感觉就是通过茶表达了对日常生活的热爱。茶席选择的各种题材表现了他们各式各样的生活情趣。茶席布置统一、高效，在审美上让人感觉节奏轻快。

澳门中华茶道会的罗庆江提出："茶席设计，是以茶为中心、以方便泡饮为原则，在色彩、造型、空间等渗入美学元素，使之成为充满美感的艺术作品以传情达意。艺术，是通过塑造形象具体地反映生活，表达作者的思想感情，传达美感，使人觉得和悦舒畅。"

《水王·鎏金》。玫瑰花茶的馥郁甘甜令人热烈奔放。茶具选用玻璃茶具与彩色茶巾，表现活力充沛、满怀希望的情怀。是为冲泡玫瑰乌龙茶而设计的。"水王"即是玻璃。玻璃茶具几乎隐形，所以需要一条色彩浓重的席巾将茶具显露出来。设计者找来一条如彩虹般艳丽的环纹手染布作垫，再以黑色布作粗阔边框把艳丽脱跳的颜色压住，效果恰到好处。如果没有框边，茶席就有崩溃的感觉。又如果用横条纹，就会显得呆板而狭窄。环纹正好形成动线，杯子放在此动线上，流畅自然，加强了视觉效果。设计者以三角形的玻璃缸将盖碗垫高，又稍离开彩布与

■ 《水王·鎏金》 澳门中华茶道会作品

对面的杯子相互呼应形成稳定的焦点，运用了"破调"的艺术手法，出人意表。玻璃煮水炉里放了黄色干花，留住了观众的视线。更值得大家注意的是设计者插了一瓶如彩虹一样奔放的鲜花，它的体积补充了因为煮水具放到了右边去的空虚，视觉相当平衡。

《闻茶"喜"舞》。所用蓝色席巾，令人有安稳清静之感。圆炉、圆壶、圆杯、圆罐，几个圆点排成两条线，却出乎意料的相交，聚合在茶罐之上，又形成了一个面，组成了茶事活动的区域。点、线、面运用的潇洒流畅，半个杯子冲出席巾之外，又是"破调"手法的运用。一套多色的杯子，虽然色彩活泼亮丽，但若摆放不当，却会成败笔。设计者能掌握色彩的特性，使茶席有韵律的跳动起来。三个红点（壶承、茶罐、最前面的杯

■ 《闻茶"喜"舞》 澳门中华茶道会作品

子）组成的三角形正是主泡器（茶壶）、茶罐与茶杯这三件重要的茶具，主次分明。若红色杯子错放位置，那就大打折扣了。《闻茶"喜"舞》的精彩不止是设计手法的恰当运用，更是因为生活的情趣"意趣横生"。那把绿泥紫砂壶顶坐著一只蓄势欲跳的小兔，席巾之上成百上千的蜻蜓正在舞动，也把火红的刺桐花飞脱了少许，好一个令人喜悦的初夏终于来临了。

在无数生活情趣与感悟之后，茶席《"道"》是高于日常生活，进入哲理冥想的境界了。这一席的茶品是陈年普洱，通过陈年普洱茶的滋味表现宏大深远的意味。阴阳的黑白二元之色，编织出一个半开放的茶席空间，在其中冲泡，正是在天圆地方之中。所用茶碗是金木水火土五行之色。枯蓑之感让人感到万念俱灰的宁静，而其后又有一丛百合怒放，尽力吐出生命之美，一枯一荣之间表现出清静无为、返璞归真、天人合一的精神。茶席《"道"》是澳门同胞集体创作，天圆地方的大布景是他们花了无数时间与心血的作品，现已赠送给我们茶文化学院。双方因茶结下深厚友情，他们临别相送的歌声尚在耳际。

■ 《"道"》 澳门中华茶道会罗庆江作品

第二节　日本茶席

日本文化无不有极致之美，特别是茶道更是一种典型。犹如岛国之风，犹如樱花烂漫，朝生暮死之间的哀婉审美，自然不会有中国文人的"闲多反笑野云忙"。日本茶道、茶席在不断走向极致审美风景的路上是带有一种神圣的严肃，一丝不苟、孜孜以求，没有其他民族文化中的"谈笑风生"。所以日本茶席在审美上确实走到极深刻的所在。很像妙玉，有精神洁癖，"太高人愈妒，过洁世同嫌"。也正是这种极致处的风景对茶席审美的探索无疑有重大的贡献。

一、日本传统茶席：《无一物中天尽藏》

日本抹茶茶席《无一物中天尽藏》是中国茶人学习日本茶道后布置的较为传统的茶席。茶器有茶碗、茶筅、茶釜等。

细腻严谨的日本茶道或是自由演进的中国茶文化，茶道美学给我们的启示却没有隔阂。茶具就像一位经验老到的长者，经历过世事变迁，所以才能举重若轻，格外包容。茶席在两国的茶器中做了一些尝试，龙泉青瓷花瓶配以龙井茶树枝。荣西法师在日本被称为"日本的茶祖"，他二度入宋，并多在临安（今为杭州）附近学茶求法，带茶种回国，还将宋朝的茶风带回日本，后茶风逐渐盛行。龙泉青瓷在很早传到日本，极简、古朴端庄的器形，没有繁复的装饰，符合日本茶道追溯唐宋遗风的审美境界。日本茶室讲究以一年四季的变化从自然中选取景色布置。春天正是龙井茶采摘的农事季节，以一棵茶芽绽放的枝条敬畏及感恩自然的馈赠。

和扇，是日本文化中不可或缺的民族印记。茶道中，如果对方在你的面前横放一柄折扇，代表的就是一扇屏风，那是提醒你"茶还没好，不要伸手过屏风来取"。杭画和扇表现了在鉴赏艺术中体现的一脉相承的生活美学和审美意趣。

将传统挂轴上的和服腰带作为茶席的布置，讲述了在等候品茶时的心情，因心存感念而欢喜。配以尺八乐器演奏的日本传统曲目《鹿之远音》。尺八自唐代传至日本，融入了日本本土的文化，变得华丽、抑扬顿挫，像极了中国的工笔画。

■ 《无一物中天尽藏》 杭州龙冠茶叶有限公司作品

二、日本和风茶席：《富士山祭奠》

茶席《富士山祭奠》是以鲜亮的色彩来表现日本人的宗教观念。在日本神佛不分，这一席的设计者是对神佛世界有特殊的兴趣。桌铺是带有浓烈日本浮世绘图案的两座富士山，在富士山之上的云中，就是神界所在泡茶之处。土铃为铸物，手桶、茶海、盆、茶壶、茶杯、茶夹与茶匙等各种茶具一律用鲜亮的日式朱红色。

在中心地位的茶壶更被托高，托盘形状正是神界孙悟空脚下的"筋斗云"，将视觉中心的主体茶器真正烘托的所谓"神气"活现。背景有一个"祭"字，表现了《富士山祭奠》是通过一套日式的茶道祭礼来表达对富士山上众神的虔诚、敬畏和向往之情。

■ 《富士山祭奠》 日本师冈作品

三、日本中国风茶席：《茶禅一味，步步清风》

茶席《茶禅一味，步步清风》所用茶品是采摘自生长于中国台湾梨山（海拔 2 500 米以上）的梨山乌龙茶，有清爽的花香、芳醇的甘甜味。茶席表现身处林间，清风拂面的清爽之感。

使用的茶具（含小道具）为：茶帘（用作桌布）、茶船、茶则、茶缶、则置、急须、茶海、茶杯、挂轴、盆栽。

自茶道诞生之日起，茶与禅就有着不解之缘。用心招待客人，有礼貌地喝茶，借由一杯清茶，人与人得以在渺渺人海中邂逅、相识、融洽相处。茶逢知己千杯少，壶中共投一片心。缘由茶生，惺惺相惜，进一步加深了丰富的人际关系。茶的世界，可使人重归心灵原点；品茶之道，可教人为人处世之道。由此，品茶开拓的正是一条通往禅悟世界的道路。如此能使人心重归原点的禅悟世界，以茶席的形式予以表现。

日本的中国茶道家通过这一席表现的感觉是：禅悟世界，毋需繁琐冗余。正如"知足"二字，一切不必要的浮华绝非理应追逐的目标。摒弃一切多余装饰，宛如"重归心灵原点"的理念，茶席设计执著于至纯至简。挂轴上书"步步清风"四字禅语，表明参禅悟道的尽头，等待禅悟者的并非红尘的纸醉金迷，而是清爽拂面而过、令人心旷神怡的阵阵清风。届时禅悟者身处的，既是一个静谧安详的地方，更是一个平稳和谐的世界。如此宁静祥和的禅悟世界，正是此茶席设计的主旨。

■《茶禅一味，步步清风》 日本 岩崎直子 作品

四、日本中国风茶席：《白居易咏菊》

茶席《白居易咏菊》走入中国古典诗境之美。所用茶品为杭白菊（胎菊），温婉的芳香，甘醇祥和的口感，表现的是白居易咏菊诗的意

境，以具象的茶席艺术来解读抽象的中国伟大诗人的诗境并非易事。

"一夜新霜著瓦轻，芭蕉新折败荷倾。耐寒唯有东篱菊，金粟初开晓更清。"

倍感丝丝秋凉的夜晚，砖瓦上覆着薄薄一层白霜，芭蕉早已枯折，莲叶破败倾倒。如此萧瑟景象，唯有金珠般的秋菊沐浴着晨光，迎寒绽放。晶莹的露珠滴落在东篱之菊的花瓣上，使深秋的黎明更显清新。以茶为喻，借白居易的名诗《咏菊》所表之意象，将采菊为茶的情景还原于桌面之上。

使用的茶具（含小道具）为：煮茶器、茶杯、茶托、水盂、茶匙、盖置、茶海、桌布、桌铺、生菊、书法（芭蕉纸）、用于放置备长炭的器具。桌心布采用了娇小的菊花清新绽放的印象，以"菊"为核心进行配置。白色的桌布、茶器、茶壶、煮茶器则暗喻晚秋的薄霜。挂轴的素材使用了产自冲绳的芭蕉纸（以此比喻主题中枯折的芭蕉叶），其色泽也用于表现秋菊的金黄，并用丝绸装裱。

■ 《白居易咏菊》
日本 竹内香代子 作品

2010年，是造纸技术传入日本1400周年的纪念之年。设计师愿以两国传颂的诗词相结合的茶席，以有着"全世界的伟大栽培家"之称的中国人制作的优质花茶——产自浙江省的杭白菊，辅以琉球纸（意指芭蕉纸或唐代文人们用以代替纸张的芭蕉叶）表现白居易的咏菊之诗，彰显中日两国美学的融合。

五、日本西洋风茶席：《日月红》

茶席《日月红》所用茶品是日月潭老枞红茶，略带甜香，有柔和的甜味，让人觉得心情舒畅，精神一振。以30～40年前野生的阿萨姆种为原料做成的老枞红茶，有值得品味的深度。透过这一席把大家带到日本明治时代，带着该地最传统原始的红茶的奥妙，体会到日本最本质的茶室的感受。

使用的茶具（含小道具）：白瓷花边盖碗、白色冷却垫、菊花花纹茶杯、茶托、锡水罐、银瓶、涂漆的茶则和茶勺、透明的树脂板、山苔

■ 《日月红》 日本 浦川圆实 作品

盆栽。所沏之茶是日本日月潭最早引进的红茶。茶具虽然多使用日本的器具，但仍表现其现代感的一面。

日月潭的"潭"是湖的象征。用树脂制成的茶具，让人联想到清澈的湖水。而最终是要让每一个人都能够在茶席上静心体会东洋的现代主义和日月潭著名的旅馆 THE LARU 的时尚感。

这一茶席还将日本园林的空寂之美表现到桌面上来，东西方的美结合的不露痕迹。

六、日本西洋风茶席：《月之湖》

茶席《月之湖》所选茶品是东方美人，茶的香味中带平静之感，口感反而略浓。欲表现的意境是表情波澜不惊，气质平静端庄，甚至给人以凛然之感的东方美人所具有的形象。值得注意的是茶席表现的并非是其华美的一面，而是那种平静端庄的感觉。

使用的茶具（含小道具）为：茶海、茶杯 5 个、圆盆（贴金箔）、茶荷、茶缶、茶匙、茶巾、水、桌布 2 张。

这是一席动态的茶席，将茶席与花样滑冰和西洋音乐交融一体。

月圆花好时，一轮银盘投射于夜幕笼罩下的湖面。一叶扁舟摇曳于粼粼波光之中，逐渐接近湖心似真似幻的月影，最终逾越真实与虚幻的境界，抵达月之世界。茶席所表现的，即是如此略带故事性的意象。

包金箔的圆盆下的深青色桌布象征夜幕笼罩下的湖面，浅蓝色的桌布意指月白风清的夜空。金箔盆代表湖面上满月的倒影，室内的射灯则充当夜空中真实的明月。不过湖中的月影是意象表现的主体。托盘中的茶杯中途改变了画面构成，最终心形的公道杯成为了泛舟湖面月影（金箔托盘）中的一叶扁舟。

本茶席的设计者是将四年前设计的茶席精炼优化。当时的主体是"月与舟的嬉戏"，整体氛围如童话故事般熠熠生辉。然而，时隔四年，她对茶艺的思考，以及自身的生活方式、人生哲学发生了变化。故而在这次的设计中，"舟"的职责是"泛波月影，使之变化"。无论怎样的风拂过湖面，无论摇曳的湖面让月影产生何种变化，粼粼波光依旧会归于宁静，继续与高悬空中的银盘交相辉映。

这一茶席的唯美意象，伴随的是音乐家德彪西的《月光》，跳出花好月圆夜的魅力边框，折射出月夜下的阴暗，以及宁谧中孤独、悲伤的一面。设计者更配上了自己创作的诗作，译录在此：

我不会流逝

永在那一片夜空中熠熠生辉

激昂的豪雨

试图用夜空的墨色将我浸染

我以恬静的光辉

拭去雨水的泼墨

小丑的笑容下隐藏悲伤

如今依旧戏谑，惹人唏嘘

凝望荡漾水面的月影

我与你　吾与尔

在水一方

茶杯的移动和着音乐与诗有一个运动的过程：

1.明月东升，湖面静如明镜的状态。（若以花样滑冰进行表现，此时选手站在冰场中心静待乐曲声响起。）

2.波光渐起，湖面开始摇曳。（此时选手开始平静地滑行。）

3.流光溢彩，波纹变换着多彩的形态，映射湖中的明月的表情似乎也发生了变化。小舟逐渐靠近。（选手此时正在做腾空转体等花样动作。）

4. 船行皓月，短暂的波光过后，湖面再度回归明镜一般的静谧。（此时是高潮跳向中心的转体过渡的状态。）

作为印象派音乐的鼻祖，德彪西的音乐作品可称是名副其实的"音画"。王维的诗是：诗中有画，画中有诗。借此喻，德彪西的作品可谓"曲中有画，画中有曲"。曲是流动的时空，画是凝固的瞬景。在他的音乐里，月光如水般倾泻，缓缓流淌，充盈整个空间。德彪西的音符散而不乱，像是溢出的水银在地板或是台阶上走走停停。如果贝多芬的月光是静的，是月光下流淌的故事；德彪西的月光就是动的，正是月光本身。以这样有画面感的钢琴曲泡茶，无疑是很高的精神享受。

■ 《月之湖》 日本 寺山茅生 作品

第三节　韩国茶席

一、韩国传统茶席：《闺房茶礼》

韩国饮茶史在经历了新罗时期的煎茶道，高句丽时代的煎茶点茶并存，到朝鲜时代散叶壶泡和撮泡法的流行，韩国茶礼渐渐定型，以一种从容、自在和中正的精神影响着茶人。

茶席以韩国闺房茶礼为设计背景，茶品为韩国宝城绿茶，茶器有侧把茶壶、熟盂、茶盏、茶托、退水器、茶床、茶床裢等。展示韩国茶礼的"和、敬、俭、真"的宗旨。对于韩国女性来说，茶礼是日常礼仪，出身良好的传统韩国女性必修课程，表现自身风貌的一种重要媒介。

韩国茶礼长期深受佛教茶礼和儒家礼制思想的影响，形成韩国茶礼的"中正"精神。因而，韩国茶礼也成为养成韩国女性知书达理的一种手段。在古代时，女子的社交范围很小，大多在自己的闺房与友人相聚交流，因而逐渐形成了闺房茶礼，用于接待重要来宾。闺房茶礼一般是比较私密的聚会茶礼，人数不多，但贵在精致。一般茶会以2～4人为主，主人为主要事茶人，婢女为伺茶人辅助主人完成茶礼，客人1～2人，以尊卑主次落座于一侧。

韩人喜白，所以在器物上选择了白色素器，在室内的装饰上运用了书法作品、花物和漆器等物以彰显主人的身份。同时，书法作品草书含"高丽墨""虎丘茶"等字样，符合茶会意境，花材选择木槿花系列，是为韩国国花。

对于闺房茶礼来说，茶席上的装饰和茶点都是主人亲手完成的，以表现茶人的内涵和修养。在当今的现代韩国茶礼中，也是一样，茶人们会亲手缝制茶床裙和铺垫物，也会根据不同的茶，亲手制作相应的茶点。因而，在此茶席设计的作品中，可以看到茶人亲手制作的茶席垫和茶果子。同时，韩国是一个崇拜五色的民族，所以在茶席中出现了红、白、蓝、黄、紫等韩国传统常用色彩，以表现韩国审美的认知。

■ 《闺房茶礼》 蕴味茶生活 范俊雯作品

二、无限精美的可能：《晚秋香气茶》

韩国茶席给人的第一反应是惊艳，而惊艳源于无限精美的可能。韩国的茶席设计师们追求优美的茶席，令我感觉到有一种母性的美感与细腻度，还透出重礼的儒学思想。

除了注重主题、茶器、铺垫这些重要元素之外，对茶巾、传统服饰、装饰物、茶食、挂画、插花都一丝不苟，极尽精美之能事。

韩国青茶研究院的茶席还提出了"五个调和"：一是色彩的调和——铺垫、茶巾、茶具、服饰等的色彩必须调和。二是茶具的调和——茶具的大小、光泽应相互协调。三是装饰物的作用——布置能凸显茶席意境的装饰物。四是空间的留白——利用空间的留白达到整体的和谐。五是自身的哲学——设计能很好地表达自身心灵的茶席。她们通过茶席所要追求的意境正是神圣、真心、清净、美丽和品位。

《晚秋香气茶》表现的意境是——当落叶飘零的时候，秋意渐浓。不知何故，内心总是迷恋那一盏暖暖的香茗。用温暖的心备下与这个季节相调和的黑釉金扣茶具，还有秋天益饮的暖茶，待君前来，共同品味深秋的那一丝香气。

品茶时，不诽谤他人，不商谈生意，也不谈论政治，只是静静地用纯净的心灵去感受高尚的茶品，来正视自己，反省自己。品茶的流程就是对心灵的一次洗礼，在这个流程中能够体会到生活中的秩序和礼仪。仔细体会茶席的各个构成要素。

当您为某个人准备茶席的时候，真正的茶人会感受到自己内心的愉悦。因为这是用真诚的心来准备的神圣的、纯净的、美好的、有品位的礼物。茶可以将人引入美好的境界，如同优秀的音乐、感人的诗篇、优美的文字一样，纯净的茶也有同样的力量，所以说茶的境界是幸福的。

茶中蕴含的哲理是用"一其心志"的心灵在美好的茶生活中重新审视自己，发现自我。

三、精致的大爱：《母心房药茶》

这个茶席的主题旨在找回茶的本来面目，给患病的客人提供健康。最初茶是作为药来使用的。现代人的生活中享乐主义盛行，使得茶本来的意义渐行渐远。

该茶席是为体形较胖、支气管较弱的客人准备的。用对支气管有益的五味子做的米糕和羊羹作为茶点。挂画旨在营造温暖的、有安全感的氛围，不要有冰冷的感觉。选择让人神清气爽的单纯的山水画。案上的铺垫选择象征茶花花样的织物。茶巾上要有耀眼的白茶花的图案。准备了让人心平气和、头脑清醒，在春天人工采摘制作的雨前绿茶。水是在合金水桶里放置一天后的水。插花的意境在于象征天人合一，与灵魂息息相通，与自然和谐相生。

《母心房药茶》表现了母亲对子女的爱是无条件的，无穷无尽的。当我们怀着这样的母爱奉茶的时候能让所有的人感到幸福。冲泡茶叶时对方方面面的细节用心设计的心意也揭示了人生的哲理。冲泡出具有清透的茶香，纯净幽远的汤色，不苦、不涩也不很甜的茶味，才是优秀的茶人。如同正确地泡茶一样，我们做人也应该不偏不倚，堂堂正正。共品一杯香茗，能让我们感知简朴谦逊，分享关爱，积德善行，修身养性。在茶席中蕴藏着礼仪、文化和传统，融合了文学、绘画、书法、插花、音乐、工艺等艺术。茶是创造美好人生的精神文化之一，用平和的心境营造吾唯知足的意境。

■ 《母心房药茶》 韩国青茶研究院 作品

第四节　英国茶席

英国人嗜茶如命，是全世界人均饮茶最多的国家之一。1840年前后，英国形成了下午茶风俗，发展出专门的茶具与茶席。

英国人非常讲究饮茶的器具与茶席，能衬托红茶独特的风格，也是饮茶的乐趣所在。

1. **茶壶**　有各种材质，陶、瓷、银器、玻璃等，但是一般英国家庭所使用的是茶褐色的茶壶，陶制品，茶渍不明显，且茶汤不易冷却。

2. **茶杯和杯托**　一般一套茶器会有十二客杯子和杯托，也有六客的。英国陶瓷的图案生命很长，茶器常常是祖传的，破损可以补充。一般收藏英国茶器的人，往往只收藏杯子和杯托。

3.**热汤壶**　放在茶壶旁边，用来泡茶，也可以用来稀释过浓的茶汤。

4.**奶盅**　一般都是和茶具组成成套的花色，装奶精或牛奶，调奶茶用。

5.**糖罐**　装调茶用糖的小罐子，附有糖匙。

6.**茶罩**　茶壶的保温套。

7.**茶匙**　勺茶用，有量茶的功能，设计多样、美观。

8.**茶滤**　用来过滤茶渣。英国茶滤造型丰富、美观。

9.**小碟子**　放果酱、乳酪、柠檬的小盘子，各种材质造型。

10.**三层点心盘**　正统的英式下午茶的点心是用三层点心瓷盘装盛，第一层放三明治、第二层放传统的英式点心Scone、第三层则放蛋糕及水果塔；由下往上开始吃。

11.**茶罐**　储存茶叶的容器。能够密闭又易开启的较好。

12.**计时器**　一般使用沙漏，也有电子计时器。

■ 詹姆斯·蒂索的下午茶题材油画

第五节　俄罗斯茶席

　　俄罗斯茶席的灵魂茶器就是
茶炊。茶炊出现于18世纪，随着
茶落户俄罗斯并逐渐盛行而出现
的。茶炊的制作与金属的打造工
艺不断完善密切相关。何时打造
出的第一把茶炊已无从查考，但
据记载，早在1730年在乌拉尔地
区出产的铜制器皿中就有外形类
似于茶炊的葡萄酒煮壶。到19世
纪中期，茶炊基本定型为三种：
茶壶型茶炊、炉灶型茶炊、烧水
型茶炊。

　　在不少俄国人家中有两个茶
炊，一个在平常日子里用，另一
个只在逢年过节的时候才启用。后
者一般放在客厅一角处专门用来
搁置茶炊的小桌上，还有些人家
专门辟出一间"茶室"，茶室中
的主角非茶炊莫属。为了保持铜

■ 经典的俄罗斯茶炊

■ 垫在茶炊底部的盘子

制茶炊的光泽，在用完后主人会给茶炊罩上专门用丝绒布缝制的套或蒙上罩布。

俄罗斯人每天都喝茶，特别是在周末、节日或洗过热水澡后。他们把喝茶作为饮食的补充，喝茶时一定要品尝糖果、糕点、面包圈、蜂蜜和各种果酱。乌德赫人也请客人及所有过路人喝茶。各地还有不同风俗的茶会，受到人们的普遍欢迎。倘若去俄罗斯人家做客，正赶上主人用茶，他们会热情地向客人让茶。此时，客人也应向主人打招呼："茶加糖，祝喝茶愉快！"

■ 表现俄罗斯茶席的油画

第六节　东南亚茶席

■ 《雪》 李自强　作品

一、新加坡茶席：《田园乐》

　　李自强先生的茶席设计强调"主题与概念""颜色的协调"以及"主次的分明"。《田园乐》表现了田园宁静的夜晚，玻璃盘象征池塘，池内漂浮着用蜡烛点出的花朵，嫩绿的茶叶，五色的玻璃珠正是满天星辰的倒影。盘下的斜线条象征着池塘边寂寞无声的芦苇。在视觉构成上，点、线、面的运用十分到位。

铺上纯黑色的桌铺让人感到夜色的苍茫与寂寥，反而因寂静产生安定感。大面积的黑色在一个茶席上的运用是需要功力的，倘若处理稍有不妥便使得视觉效果压抑、沉闷，然而《田园乐》却将黑色运用的极为灵巧。恐怕这正是"颜色的协调"与"主次的分明"带来的妙处了，正由于处在中心地位的茶盏的高白与那"池塘"的清澈透亮，配上了展厅射灯照映下的亮丽感，让设计者要表现的田园夜晚有了空灵的美感。作为茶席主体的高白茶盏被准确无误的衬托出来，仿佛一轮皓月。

■ 《田园乐》 李自强 作品

这些视觉上的元素最终是为一个主题服务的，并且在主题的背后是设计者所要表达的某种概念。这也是李自强先生强调的"主题与概念"是茶席设计的灵魂。实际上茶席作为艺术，就是在表现茶人对世界和生命的理解。《田园乐》的主题已经够明确了，正是田园生活的宁静与乐趣，而这个主题的背后似乎有着更深厚的意味，就是日常生活中的平凡器用皆有其美，只要运用得当，都可以进入茶席的审美领域。这正是平凡生活中的大美情怀。

二、印度尼西亚茶席：《千岛茶香飘》

洪华强先生设计的《千岛茶香飘》一席让我看到了印度尼西亚华人以茶感念血脉之情，饱含了对中华文化的认同感与归属感。他说"中华茶文化源远流长，当年跟着我们南来的祖先飘到印度尼西亚这千岛之国"，又在邮件中提到"十几年前印度尼西亚还不可通用华文，当时我们会徽设计只能以图案化的'茶'字表达理想"，其中对熔铸在血脉深处文化的追求之艰辛可见一斑！

茶席采用插花、火炉、茶壶、茶杯、茶罐、扇子、茶点多种元素表现主题。

插花的花材选用印度尼西亚原生森林资源的野生兰，花卉姿态构思了自然、文化的艺术空间。

火炉正是照着陆羽《茶经》中所描绘的"风炉"亲手所铸。古鼎形，三足两耳，不锈钢制造。三足之间，设三窗，为通风兴火。底一窗，为通炭灰之所。八卦中用三卦：巽卦，离卦，坎卦；"巽"主风，"离"主火，"坎"主水，风能兴火，火能熟水。

贡局朱泥提梁壶，呈现了紫砂壶艺的实用性与艺术之美。

茶杯是景德镇手绘青龙瓷器，与杯内的龙珠遥相呼应，升华了品尝茶汤的情趣。

茶点用福州脱胎漆器盘与美味的印度尼西亚特色酥饼糕点搭配，丰富了品茶谈心的情趣。

茶罐用的是景德镇的绿底粉彩，充满了民窑器的小巧与精致。

茶则、茶匙、茶盉都是泡茶实用器材，方便出访品茗携带的茶具配套。

扇子、茶巾、铺垫都是印度尼西亚民族的蜡染手织，融合了当地民族风情与中华文化的和谐之美。

茶席所选茶品是中国孟海班章普洱青饼。"水为茶之母，器乃茶之父"普洱茶以生铁壶煮水冲泡，汤色深棕明亮，茶香袅袅。茶汤醇厚，入口回甘，相约三五好友，品茗、话壶，乃人生一大赏心乐事也！而生为千岛的炎黄子孙，品茶之外，对中华茶文化的热爱，有着传承与发扬的一份使命感！

■ 《千岛茶香飘》 洪华强 作品

第七节　西亚茶席

一、土耳其茶席：《红艳香甜土耳其》

世界上人均饮茶量最大的国家，不是中国，不是英国，而是我们并不那么熟悉的土耳其。土耳其横跨欧亚大陆，混合了东西方两种截然不同的血统、建筑和美食。茶席《红艳香甜土耳其》就是为了让人们通过红茶开始了解这个奇妙的国度。

土耳其人喜欢煮茶，并且要使用一种非常富有民族特色的壶"子母壶"。子母壶是一大一小两壶，小壶摞在大壶上，同时也充当大壶的盖子。冲泡土耳其红茶时，先在母壶里烧上一大壶水，将土耳其红茶干茶放置在小壶中。待大壶水开，水蒸气就会将小壶内的红茶香气激发出来，立刻茶香四溢了。此时再于小壶内冲泡红茶，茶汤红艳明亮，香气袭人。饮用时，先将小壶的茶汤少量倒入茶杯中，再根据个人口味随意拼兑开水，如配上一块方糖，则更加完美。饮用土耳其红茶所用的茶杯也非常特别，叫做郁金香杯，杯子的形状酷似郁金香。郁金香也是土耳其的国花。

如同中国一样，土耳其人也以客来敬茶表达自己的热情与真诚。今天的土耳其，不论阶层、性别和年龄，人人都喜欢喝茶，早中晚三餐都喝茶。对土耳其人来说，茶不仅仅是饮料，也是必不可少的社交催化剂，牢牢地维系着土耳其家人以及亲友之间的亲密关系。任何重要的商谈也是伴随着饮茶一起进行。在很多时候，人们都一边喝茶一边吃点心，本茶席所选用的茶点也是土耳其的一大特色食品：土耳其大核桃。

茶席铺垫、茶艺师披肩均为土耳其图案。通过红艳香甜的土耳其红茶茶席，为中国与土耳其建立友谊的桥梁。

■ 《红艳香甜土耳其》 杭州茶颂贸易有限公司 杨洋 作品

二、沙特阿拉伯茶席：《沙漠绿洲》

这个茶席通过沙漠与绿洲来表现阿拉伯世界。在阿拉伯，席地饮茶是一种传统的饮茶方式。茶席左边的沙漠运用了沙特阿拉伯地图的形状，沙漠中的骆驼是他们最重要的家畜。干旱、戈壁、沙漠、酷暑，这样的环境气候，决定了阿拉伯人质朴的饮茶文化，他们喜爱红茶，更爱加糖后香甜的红茶，伴着沙特特有的细腻香滑的椰枣作为茶点，开始一天的生活。

茶席中央绿色的水滴形铺垫象征着一滴石油，运用了沙特国旗的绿色，绿是他们最爱的颜色。在这个沙漠占据国土面积一半的国度，绿代表生命的意义。而石油则是沙特最宝贵的财富，这里是世界上石油存储量最大的国家，名副其实的石油王国。阿拉伯国旗中的名言正是来源于《古兰经》。绿洲之上洁白的茶具，代表了绿色国旗中白色的名言，更象征着阿拉伯人崇尚纯洁的心声。

　　椰枣树是阿拉伯半岛最常见的植物，被誉为树王，椰枣因而成为人们最喜爱的食物，最有特色的茶点。

■《沙漠绿洲》　山谷里的茶花舍　黄丽薇　作品

三、印度茶席：《温馨下午茶与您相约》

印度人的生活中不能没有红茶。印度的红茶举世闻名，有大吉岭红茶、阿萨姆红茶、尼尔吉里红茶等。其中最著名的要数大吉岭红茶了，它冲泡成奶茶后，味道更丰富，而且不易伤胃。曾经有印度茶商说："没有大吉岭茶的生活是毫无乐趣可言的。"印度人吃饭时没有喝汤的习惯，但在饭后必须要喝杯香浓的奶茶。

印度人喝茶，先在锅里煮上红茶叶，然后加入牛奶和糖。有的还要加入丁香和小豆蔻，熬上一会儿，把里面的茶叶和香料过滤掉，倒入细小的玻璃杯里。趁热喝上一杯，提神解乏。本茶席几乎还原了印度的饮茶方式。

■ 《温馨下午茶与您相约》 杭州龙溪御茶园 作品

第八节　欧洲茶席

一、意大利与中国合作茶席 —— 东西方的第一次亲密接触

《东西方相会》意在东西方的文化和艺术通过茶席得到交融与升华。此茶席主要元素是东方的茶与西方的葡萄酒。将酒引入茶席，恐怕是一种容易招致非议的重大突破。

由意大利布雷西亚 LABA 美术学院以后现代式的名画解构设计为背景，以浙江农林大学茶文化学院协助具体设计茶席设置为主体，为大家呈现出东西方相聚的融合气象。茶席中的背景画、大橡木酒桶与红酒是西方和拉巴美术学院的代表，青瓷茶杯与天目幽兰茶是东方和茶文化学院的代表。背景画《最后的晚餐》《蒙娜丽莎》原作为意大利文艺复兴时期达·芬奇的经典。《最后的晚餐》原作中主要体现犹大背叛耶稣

真相暴露时门徒惊异的场面，气氛紧张，经过解构之后，受难者耶稣竟以茶待客，突显平和，耶稣喝茶以平心气，体现茶的真谛；另一幅《蒙娜丽莎》一改画作中主人神秘的微笑主题，将创作者达·芬奇入画，喝茶作画，体现茶之性情。这种方式的融合与相会可谓奇妙，创意实在新奇。

■ 东西方相会

二、意大利茶席：《永恒之光》

意大利作为欧洲的古国，曾孕育出了灿烂的古罗马文化。首都罗马被称为"永恒之城"。茶席选用了咖啡色且带有油画感的面料作为茶席底布，以衬托出意大利古老的文明与艺术，表现辉煌的感觉。

威尼斯是意大利的一颗海明珠，拥有着因水而生的风情。蜿蜒的水巷，流动的清波，宛若脉脉含情的少女，眼底倾泻着温柔。地中海风格的马赛克作为茶席中的一个亮点呈现。晶莹剔透的马赛克镶嵌着贝壳，代表着威尼斯灵动的水。

■ 《永恒之光》 杭州九曲红梅茶业有限公司 作品

　　主题茶具是一套欧洲银质茶器，灯光下散发着含蓄的光泽，它沉淀出意大利几个世纪的灵魂，像追求真理的战士。整体的茶席设计以暗暖色系为主色调，并加入一定的复古元素，利用阳光与茶汤的折射，配以热烈鲜艳的欧式插花等元素共同体现"永恒之光"这一主题。

　　但丁在《神曲》中写道"让人们去议论吧，要像坚塔一般，任凭狂风呼啸，塔顶都永远岿然不动。"《永恒之光》表现了意大利人追求信仰与真理的精神。

三、法国茶席：《西子玫瑰》

　　《西子玫瑰》的基调是浪漫与爱情。茶品九曲红梅作为一款杭州的传统红茶犹如茶中仙子，而玫瑰是来自法国的爱神花语。林语堂先生曾说，"茶是为恬静的伴侣而设。"爱意如茶，淡雅温婉，最能诠释爱情的芬芳物语。花以养颜，茶以养性。茶席音乐选用的是《罗密欧与朱丽叶》，浓浓的爱意、动人的旋律。茶席台布是一席米白色西式花边台布，配上粉色桌旗，淡雅中透着恋爱的喜悦。茶艺师身着蕾丝碎花裙，亭亭玉立于茶席前。

茶具选用粉色鎏金法式茶具。玫瑰的优雅，配上红茶的甘柔。玫瑰花瓣在杯中飘浮舞动，千般滋味，万种风情。

■《西子玫瑰》 杭州你我茶燕茶馆 作品

四、德国茶席：《德国故事里的中国茶》

两个国家、两种爱好。德国啤酒是德国人的日常饮品，茶为中国国饮。茶与酒，两生花。酒显豪放，茶显清雅。茶与酒的交融，水与火的遇见。德国也是一个童话的国度，茶席《德国故事里的中国茶》试图通过茶席表现《格林童话》中的奇幻世界。茶席的铺垫巧妙运用了德国国旗的三种颜色。

茶品是以凤凰单丛调制德国黑啤酒。茶器选用了德国不锈钢器皿、欧式下午茶茶杯、紫砂壶等。音乐选用贝多芬《春天奏鸣曲》，并配以茶艺师自己创作的诗歌。

■ 《德国故事里的中国茶》 杭州素业茶院 作品

第九节　非洲茶席

南非茶席：《融合》

茶席《融合》的设计灵感源于南非早年的种族隔离制度。种族对立、歧视，水火不容，给南非人民造成了极大的伤害。1996 年，南非总统曼德拉签署新宪法，为建立种族平等的新型国家体制奠定了法律基础。2016年是南非种族平等新宪法正式签署 20 周年。特以《融合》为主题表示纪念。

黑白两块台布，象征种族隔离时，黑人与白人互不相融。上面的黑白格子茶席布，象征种族逐渐融合。白桌这边由一茶艺师冲泡茶，代表白人文化；黑桌这边调酒，代表黑人文化。最后茶与酒融合成一款茶酒，象征融合才能创造更美好的未来。

茶品用大红袍调配威士忌、蜂蜜、冰块。茶器选用玻璃盖碗、玻璃碗、玻璃公道杯、高脚酒杯等。

■《融合》　素女会杭州总部　作品

第十节　美洲茶席

一、美国茶席：《守卫自由》

　　美国是一个自由的国度，自由也是每个人心里永恒的追求。美国文化的一个重要体现就是超级英雄，他们捍卫自由和正义。茶席选用超级英雄的代表——复仇者联盟来表现"守卫自由"这一主题。复仇者联盟的摆件作为茶宠，复仇者联盟海报做了背景挂画，"美国队长"的盾牌作为茶则，星巴克咖啡杯上也是复仇者联盟的标志、复仇者联盟的主题曲《Live To Rise》《I'm Alive》《Dirt & Roses》《Even If I Could》作为背景音乐。

　　美国文化，当然不仅体现在对复仇者联盟这种超级英雄的崇拜上，更体现在生活中的方方面面，茶文化亦是如此。美国人爱饮冰茶，所以冰点机作为主茶器，将西湖龙井茶与钱塘玫红碾碎加冰块冲泡，产生的茶水冰爽可口，可随时饮用，方便高效。配

■ 《守卫自由》　杭州正浩茶叶有限公司　作品

料中有柠檬和糖可调饮，也符合美国人口味的多样性。容量较大的星巴克杯作为茶杯，容量大、方便携带，又能折射以星巴克为代表的美国咖啡文化。玫瑰是美国的国花，以颜色艳丽的玫瑰花作为插花，为茶席增添一抹亮色。选用美国国旗作为茶席的铺垫，是美国的最直观体现，美国文化就是这样直白而个性鲜明。

二、墨西哥茶席：《缘起——茶与酒》

茶席以席地的形式展开，以红色圆形为底铺，象征天空中光芒万丈的太阳。而墨西哥乘着皎洁的白月，穿过骄阳，来到美丽的西子湖畔。红白两种色调源自于墨西哥国旗的颜色。太阳月亮是墨西哥古老文化的代表，红圆的太阳也寓意着中国与墨西哥共同发展，友谊天长地久。以墨西哥国花仙人掌为插花点缀，红中一点充满生机的绿色，这也是墨西哥国旗色彩元素。造型上剪出 20 个形状相同的小脚丫，代表着 G20 国家带着中国茶走向世界。

茶品是代表杭城的九曲红梅，酒

■《缘起——茶与酒》 *杭州如月会 作品*

品是墨西哥的国酒龙舌兰。含蓄优雅的九曲红梅与热情奔放的龙舌兰搭配，两种截然不同的风格，碰撞出不一样的火花，以其为主搭配出各类不同的色彩，犹如热情的墨西哥。

主泡器和注水器选用的都是银壶，品茗杯是简约的白瓷杯。墨西哥是白银王国，选用具有墨西哥特色的银质品与中国传统的白瓷杯相互搭配，相互衬托，一起呈现茶汤之美。酒器选用的是简单大方的玻璃鸡尾酒杯，透过玻璃看五彩缤纷的茶酒展现着热情似火的墨西哥风情。音乐选用具有中国气息的《高山流水》和墨西哥热情的《美丽的天空》，迥然不同的音乐风格进行组合搭配展现出中墨两国文化的融合。茶席整体上体现了"如月同行，与日共辉"的意境。

三、巴西茶席：《奔放》

　　地球另一端的巴西，绿茵场上飞跃的身影，激情的桑巴，空气中都弥漫烤肉的香味，热情肆意燃烧，唤醒沉睡的南美洲。地球的这一端，茶人跨越千山万水，怀揣着对艺术与文化的热衷，种茶授艺。

　　茶席《奔放》成圆形，代表球场和足球，也寓意中国与巴西的关系圆满。五颜

■ 《奔放》 浙江无花果文化发展有限公司　作品

六色的铺垫成放射状，代表桑巴舞的热情和足球的速度，就像壶（球）杯（球员）在举行一场友谊赛，两边的篱笆象征了球门。中式的粗陶和巴西的马黛茶代表着中巴共融。

第十一节　大洋洲茶席

澳大利亚茶席：《海语》

茶席以白沙、珊瑚、贝壳布景，体现阳光、沙滩、海洋的氛围。澳大利亚处于南半球，属于大洋洲，四面环海。营造出在沙滩、阳光的海岸边调饮一杯茶，与友人享受美好时光的意境。

澳大利亚人的饮茶习惯深受英国影响。这一茶席选择龙井调饮成奶茶并添加柠檬。春夏之交，是中国喝绿茶的好时光，这时候的龙井香气馥郁持久，汤色嫩绿明亮，滋味甘醇鲜爽，叶底为幼嫩成朵，加入清新的柠檬，以及醇厚的牛奶，让澳大利亚的友人也体会一下龙井口感的曼妙。茶席试图中西合璧，文化水乳交融，思想相互交流，让中国茶更加年轻，更加开放。

茶席有其独特的茶与艺术的语言，表达着对人生、对世界、对艺术和对美的认识与理解。G20国际茶席艺术展就是一群可爱的茶人们，通过茶席来重新认识与构建这个世界，并用茶来祝福这个世界。

在一方有限的无限之上，茶之精灵在翩然起舞。那是一片叶子与一滴水的相逢，他们的梦在刹那间凝入永恒。每一片方寸都是博大，20片方寸构建成家园。每一个家园都微笑致意，用芬芳与绿枝互通款曲：今天您喝茶了吗？以美为器，搭建和平之席；以道把盏，让世界充满茶之馨香！

■《海语》 杭州老阿里茶馆　松萝　作品

第四章
构成茶席的要素

此处置绳床，旁边洗茶器。

——唐·白居易《睡后茶兴忆杨同州》

本章专论茶席艺术在空间上的构成要素。要素分为十种：茶、茶器、铺垫、插花、焚香、挂画、摆件、背景、茶食、茶人。

这十种要素中，茶、茶器、茶人三者是缺一不可的核心要素，只要这三者齐备就可以构成茶席。和谐的茶席艺术是茶与人、茶与器、器与人三者关系的完美融合，人的情感与思想诉诸茶与器，达到"游于艺"的境界。

铺垫、背景、挂画三个要素其实是构成茶席垂直的两个面，空间艺术的营造，这三个要素很重要。插花、焚香、摆件、茶食四个要素都是在席面上的，分别是茶席上除了茶以外的"色、香、形、味"。这七种要素并非都要出现在一个茶席上，可以根据茶席主题的需要来选择。

这里重点要谈的，是这十种要素综合进入茶席之后各有什么特点、侧重与经验。

第一节　茶　品

茶，是茶席设计的灵魂，是茶席艺术的"语言"，如果语言不通，就难窥堂奥，更谈不上艺术中的"精微奥妙"了。中国的茶不胜枚举，世界的茶更是浩如烟海。我们无法做到每一种都认知、了解、掌握，但要对加工工艺的大类，大致的产区等有所了解，然后再条分缕析，纲举目张。此外，了解茶席中的茶也包括了要了解这款茶的文化内涵，比如产地的文化、茶名的解读、由来与典故等。

一、茶叶品类

中国茶根据加工工艺与发酵程度的不同，归纳为六大基本茶类。以这些基本茶类做原料，进行再加工以后的产品统称为再加工茶。现今，随着人们审美情趣的提高，还出现了各种新型工艺茶。

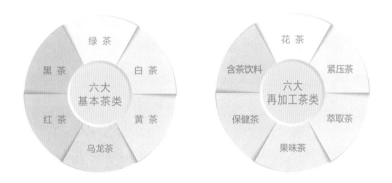

1. 绿茶

属不发酵茶，它的品质特点是清汤绿叶。著名的绿茶有开化龙顶、休宁松萝、婺源茗眉、西湖龙井、碧螺春、黄山毛峰、庐山云雾、信阳毛尖、蒙顶甘露等。冲泡细嫩绿茶，水质以山泉水最佳，水温以80～85℃为宜。

2. 白茶

属微发酵茶，是一种叶表满披白色茸毛的茶叶。冲泡后，茶汤浅黄，滋味醇和，长饮此茶，具有清火解毒功能。白茶主产于福建的福鼎、政和等地，有白毫银针、白牡丹、寿眉等品类。

■ 白毫银针（福建福鼎）

3. 黄茶

属轻发酵茶，其特有的闷黄工序是形成黄茶"黄汤黄叶，滋味甜醇"品质特征的关键。较出名的黄茶有君山银针、蒙顶黄芽、莫干黄芽、霍山黄芽、沩山毛尖等。

■ 君山银针（湖南岳阳）

4. 乌龙茶

属半发酵茶，其发酵程度介于红茶与绿茶之间。乌龙茶外形呈颗粒状或条状，色泽青褐，冲泡后汤色金黄，具有馥郁花香，滋味浓醇，耐冲泡。如福建的大红袍、铁观音，广东的凤凰单丛，中国台湾的冻顶乌龙、文山包种等。

■ 凤凰单丛（广东潮州）

5. 红茶

属全发酵茶，其品质特点是红汤红叶。较为有名的有祁红工夫、滇红工夫等。红茶一般冲泡水温以 90～95℃为宜。

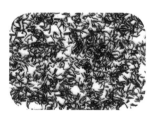

■ 祁门红茶（安徽祁门）

6. 黑茶

属后发酵茶，它的原料一般较粗大。黑茶按产地分有湖南黑茶、湖北老青茶、四川边茶、滇桂黑茶等。云南黑茶多为普洱茶，其品质独特，具有陈香味。黑茶一般采用煮饮，而普洱茶一般采用沸水泡饮。

■ 普洱熟茶（云南勐海）

二、择茶

择茶，是一个非常重要的命题。此时此刻，我们要选择一款什么茶来设计茶席，来冲泡它、表现它、品味它？这个问题就像是哈姆雷特的天问。大致有几种方法。

1. 应季节

一般认为，发酵程度高的茶温和一些，发酵程度低的茶寒凉一些；焙火的茶温和一些，不焙火的茶寒凉一些；储藏年份久的茶温和一些，储藏年份短的茶寒凉一些。

春季：饮些香气馥郁的花茶，一是可以去寒去邪，二是有助于去郁理气，促进人体阳刚之气的回升。当然，也可饮新采制的绿茶。绿茶贵新，但刚出锅的绿茶火气太旺，喝了容易上火，需存放半月左右再饮。传统的龙井新茶非用灰缸（生石灰）储藏去燥气再饮。

夏天：天气炎热，饮上一杯清汤碧叶的绿茶，可给人以清凉之感，还能收到降温消暑之效。现在流行冷泡法，特别是乌龙茶，泡一大锅冷茶冰饮，香甜爽冽；细嫩的绿茶，白茶中的白毫银针也适合冷泡。泡法不同，茶席自然不同。

秋天：天高气爽，喝上一杯性平的乌龙茶，不寒不热，取其红茶与绿茶两种功效，以清除夏天余热，又能恢复津液。饮白茶，特别是老白茶，可以去秋燥，黄茶也很适合。

冬天：天气寒冷，饮杯味甘性温的红茶如祁红、滇红、宜红等，黑茶如熟普、茯砖等，可给人以生热暖胃之感。火功到位的武夷岩茶也有此效。

也有观点认为，根据中医的理论，"冬吃萝卜夏吃姜"，秋冬反而应该饮绿茶，而春夏反而应该饮熟普之类的茶。

2. 应地域

中国的名茶属于各个地域出产的风物，随着茶业的复兴，各地名茶好茶更是层出不穷。因此，中国乃至世界的名茶地图是画不完也走不尽的。每一款茶的文化很重要的一个组成部分就是这款茶所在产地的地域文化。我们要学会去学习、解读、体悟茶产地的地域文化。

到什么地方饮什么地方的茶，茶席的设计就要考虑地域文化。比如，本地有没有适合泡茶的泉水，本地之水配本地之茶最能激发茶性，雅安扬子江心水最配蒙顶山上茶，杭州虎跑水最配龙井茶，湖州金沙泉最配紫笋茶，临安西坑水最配天目青顶东坑茶等。茶产地有没有出茶器的窑口？有什么小吃特产可以作为茶席上的茶食？有什么手工艺品可以作为茶席的摆件？产什么花草可以作为茶席的插花？有什么历史文化、名人典故可以作为茶席设计的题材？都是因茶品的地域文化而引起的思考。

3. 应人体

初饮茶者，或平日不大饮茶的人，最好品尝清香醇和的绿茶，如西湖龙井、碧螺春、黄山毛峰、庐山云雾等；有饮茶习惯、嗜好清饮口味者，可以选择烘青和一些地方优质茶，如茉莉烘青、敬亭绿雪、开化龙顶、婺源茗眉、休宁松萝等；如是老茶客，要求茶味浓酽者，则以选择炒青类茶叶为佳，如珍眉、珠茶等；若平时畏寒，选择红茶为好，因为红茶性温，有祛寒暖胃之功；若平时畏热，选择绿茶为上，绿茶性寒，喝了有使人清凉之感；身体肥胖的人，饮去腻消脂力强的乌龙茶、普洱茶更为适合。

宴后饮茶，可以促进脂肪消化，解除酒精毒害，消除肚子胀饱和去除有害物质，此时就适合茶味浓烈的茶，如凤凰单丛、武夷岩茶、普洱茶等。儿童、青少年宜饮粗淡的茶。合理的饮茶，有利于儿童健康。老年人宜适量饮茶，年纪大了一般喜饮浓茶，但还是要以清淡为佳。

4. 应风俗

茶俗是我国民间风俗的一种，它是中华民族传统文化的积淀，也是人们心态的折射，它以茶事活动为中心贯穿于人们的生活中，并且在传统的基础上不断演变，成为人们文化生活的一部分。由于历史、地理、民族、文化、信仰、经济等条件的不同，各地的茶俗无论是内容还是形式上都有各自的特点，呈现百花齐放、异彩纷呈的繁盛局面。婚丧嫁娶、节气节日、祭祀礼俗，这些也都可能成为择茶的因素。

茶与婚礼的关系自古为人所重，很多茶席是为婚礼而设。是选择红茶"红红火火"，还是选择白茶"白头偕老"，或是选择饼茶"圆圆满满"。

茶与祭祀的关系也十分密切，祭祀茶席当然重要。古代用茶作祭，一般有三种形式：一是在茶碗、茶盏中注以茶水；二是不煮泡只放以干茶；三是不放茶，置茶壶、茶盅作象征。中国民间历来流传以"三茶六酒"（三杯茶、六杯酒）和"清茶四果"作为丧葬中祭品的习俗。在我国广东、江西一带，清明祭祖扫墓时，常将一包茶叶与其他祭品一起摆放于坟前，或在坟前斟上三杯茶水，以祭祀先人。茶叶还要用作祭天、祭地、祭祖、祭神、祭仙、祭佛等。唐代的贡茶顾渚紫笋、蒙顶茶就是规定的祀天祭祖用品之一，它采摘的时间、地点、制作均有严格规定，

■ 根据江西婚俗改编的喜茶茶席

不得造次。李郢的诗中有"一月五程路四千，到时须及清明宴"，清明宴是清明祭祀茶席茶宴的活动。

中国人的节日、节气各有特色与内涵，与茶品选择也大有讲究。春节要喝"元宝茶"，讨个吉利。清明当然要喝新茶，特别是明前龙井。端午节北方一些地区，喜于端午采嫩树叶、野菜叶蒸晾，制成茶叶；广东潮州一带，人们去郊外山野采草药，熬凉茶喝。中秋月圆，团茶自古被称作"月团"，团饼茶代表着团圆，赏月饮团茶更是天造之合，也有茶席选择产于云南的"月光白"取其意。重阳节要饮菊花酒也要饮菊花茶。冬至要泡桂圆枸杞茶，适合滋补。腊八节要泡八宝茶，一般有茶叶、大枣、枸杞、核桃仁、桂圆、芝麻、葡萄干、菊花等放入盖碗冲泡。

2009年开始设立每年的谷雨节气是"全民饮茶日"，全民爱茶饮茶，不妨从自己家乡的茶喝起。近年来茶界发起每年的小满节气是缅怀茶人先贤的时节，大家要饮皇菊花茶。

5. 应心情

其实茶作为精神饮品，茶席作为独立艺术，择茶最重要的因素就是自己的心情。以心情来择茶，本来就是身、心、情、景、意、境的综合选择。但能够自如把握自己的心情，并非易事，要求茶人会自省、自我观照。这是美学问题，不在此展开。有一点须强调，存在主义的核心是"存在先与本质"和"自由选择"。茶席艺术是不是"存在先与本质"且不论，但"自由选择"对择茶最要紧，人是自由的，茶也是自由的，但自由不是乱来，一旦做出选择就要对选择负责。也就是说，一旦选择了一款茶，就要深入的了解它方方面面的文化，它的前世今生，努力地为它选择最合适的茶器，布置出最好的茶席，冲泡好、展示好、品味好，让这泡茶尽其用、尽其才、尽其道。

三、茶在茶席中的形态

茶在茶席中的形态是影响茶席设计的重要因素。茶在茶席中被冲泡、品饮的过程是在不断变化的，一位高明的茶席艺术家就要对这些变化加以体察。首先是干茶之形，欣赏干茶是体验一款茶的第一步。干茶是什么形态？长炒青、扁炒青、圆炒青，针形、芽形、螺形，面对的干茶是松散如枯叶的寿眉还是细碎如蚕沙的祁红，是长枪大戟的猴魁还是蜻头蛙腿的铁观音，各个不同。干茶之形会决定赏茶盒的大小质地，会影响泡茶器的器形。

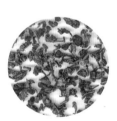

其次是茶汤之色。干茶进入冲泡阶段，浸润舒展，就要求我们熟知其膨胀的情况，这样才能选好茶器的容积，方便掌握茶汤的浓淡。茶的第二个被体验的形态就是液体的茶汤了。马来西亚的许玉莲女士说过，茶艺师应该叫茶汤艺术家。可见这也是泡茶、品茶最关键和最重要的步骤。茶汤的欣赏分香气、滋味、汤色，其实还有温度，一般不提对温度的欣赏，其实温度也可以欣赏。要表现好茶汤的颜色，也要茶席的整体色彩来配合。唐代茶色淡，所以陆羽推崇冰清玉洁的越窑青瓷，一配合汤色就美了。宋代的茶，汤色尚白，鲜白为上，因此茶盏尚黑，不仅斗茶比赛须看分明，而且黑白鲜明有反差的美。如今，茶类茶品五彩缤纷，汤色表现值得设计。

■ 宋代兔毫盏　　　　　■ 复原的宋代点茶，泡沫如同积雪

■ 茶汤

最后是叶底之态。审评茶叶最后的步骤是把叶底放到盛水的叶底盘中观看，品茶一般没有这一步。但是现在有许多茶席在完成一泡茶后，也会将叶底取出，倒入精美的容器，或干或湿，再来欣赏。这样做其实很有必要，不仅风雅，还能帮助茶人再次学习。不把叶底叫茶渣，也不要直接从壶中倾入不洁之处。叶底也是茶席的一部分，也值得欣赏，这就要为其在茶席中安排位置。

第二节　茶　器

"器乃茶之父"，选择茶器必须兼顾实用性和艺术性。茶器的质地、造型、大小、色彩、人体工程以及文化内涵等方面，要综合考虑。

■ 各种款式的茶器组合

特别是茶器的质地，紫砂、瓷器、竹木都是茶席设计所偏爱的，这些材质不仅生态环保、有利健康，而且具备了深厚的文化品位。茶席中的茶器特别提倡永久性，日本茶道中称为"名物"。一件茶器原本并不名贵，但通过一代代茶人的品味与珍爱，成为经历岁月的无价之宝。这种俭朴而高贵的精神也是生态的理念。

茶器在茶席中的关键是茶器组合，茶器组合是茶席设计的基础，也是茶席构成因素的主体。任何单独的一件茶器，即便是价值连城的"名器"，单打独斗都是无法完成茶席艺术世界之统一。反之，即便所有的茶器都是触手可及的日常用品，组合得当，就能泡出好茶，呈现完美的艺术。

一、茶器的材质

不同材质的茶器具备不同的特性与功能，也会表达不同内涵与美感，所以要因材选器。

1. 金属茶器

金属茶器是指由金、银、铜、铁、锡等金属材料制作而成的器具，是我国最古老的日用器具之一，早在公元前18世纪至公元前221年秦始皇统一中国之前的1 500年间，青铜器就得到了广泛的应用。

自秦汉至六朝，茶叶作为饮料已渐成风尚，茶具也逐渐从与其他饮具共享中分离出来。大约到南北朝时，我国出现了包括饮茶器皿在内的金银器具。到隋唐时，金银器具的制作达到高峰。

20世纪80年代中期，陕西扶风法门寺出土的一套由唐僖宗供奉的鎏金茶具，可谓是金属茶具中罕见的稀世珍宝。无独有偶，丰臣秀吉为了炫耀自己的国力，曾打造一个黄金茶室，其中的一应茶器均为黄金制成，奢华至极，引起了大茶人千利休的反感。当代，金壶、银壶开始问世，尤其银壶银盏大行其道。

铁壶的外形古朴厚重，受到很多茶人的喜爱。早期的铁壶，冶金水平低下，使得铁质内保留了部分铁磁性氧化物，从而使早期的铸铁壶，具备了一定程度的水质软化效果。老铁壶在茶席上，确实能产生肃穆沉静的感觉，因此日本回流的老铁壶就成为近年来炙手可热的茶器。然而"老铁壶"价格越来越昂贵，堪比金银，连壶带水的分量十分沉重，并不适合女士茶艺的灵巧，又难于养护。此外铁壶煮水补铁的说法，纯属笑谈。老铁壶虽好，却不可迷信，何况仿铸老铁壶已经铺天盖地。

■ 法门寺地宫出土唐代银鎏金茶碾子

■ 五代吴越国银鎏金茶盖托

　　阿庆嫂唱："垒起七星灶，铜壶煮三江。"铜壶煮水泡茶是明清遍布民间的器用。铜对水还有杀菌抑菌的作用，之所以如今少有用铜壶还是怕铜有腥味会破坏水的甘甜。

　　文人最推崇锡茶器，金、银、铜、铁、锡，价格依次递减，锡最廉价，最低调，熔点低，最谦逊，无气味，但古人称锡乃"五金之母"。最简朴的反而最高贵，"格"最高，与茶性最合。

　　锡器是一种古老的手工艺品，中国古代人们就已懂得在井底放上锡板净化水质，皇宫里也常用锡制器皿盛装御酒。锡器能被作为茶具，缘于其自身的一些优秀特性。锡对人体无害，锡制茶叶罐密封性好，可长期保持茶叶的色泽和芳香，储茶味不变，除了具有优美的金属色泽外，还具有良好的延展性和加工性能，用锡制作的各种器皿和艺术饰品能使得锡制工艺品栩栩如生。

古人贮藏茶叶多以罐贮为主，除传统的陶罐、瓷罐、漆盒外，尤以锡罐为最好。明代浙人屠隆的《茶笺》中对锡器贮茶记录说："近有以夹口锡器储茶者，更燥更密，盖磁坛犹有微罅透风，不如锡者坚固也。"指出以锡代磁，贮茶效果更好。清人刘献庭在《广阳杂记》中则有这样的记载："余谓水与茶之性最相宜，锡瓶贮茶叶，香气不散。"清人周亮工在《闽小记》中说："闽人以粗瓷胆瓶贮茶，近鼓山支提新名出，一时学新安（徽州），制为方圆锡具，遂觉神采奕奕。"周亮工还有诗句称"学得新安方锡罐，松萝小款恰相宜"，"却羡钱家兄弟贵，新御近日带松萝"。这说明不仅仅是徽州的松萝茶声名远播，其炒青制作技术和包装茶叶的锡罐也受到了各地的欢迎和青睐。

清代茶业兴盛时，安徽屯溪从事锡罐业制造的有9家，工人超过200人，每年可制锡罐25万只以上。一个县治下的屯溪小镇竟有着200余人从事锡罐的加工制作，足见当年茶叶出口的昌盛。而在

■ 湘妃竹包锡茶罐

17世纪的印度尼西亚爪哇岛，其时进口的茶全是中国茶，而箱系用木制，内衬以铅皮或锡皮，每箱可装茶100磅。

1984年，瑞典打捞出1745年9月12日触礁沉没的"哥德堡号"商

船，从船中清理出被泥淖封埋了240年的瓷器和370吨乾隆时期的茶叶。少数茶叶由于锡罐封装严密未受水浸变质，冲泡饮用时香气仍在。

2. 瓷器茶器

瓷器茶具的品种很多，其中主要的有青瓷茶具、白瓷茶具、黑瓷茶具和彩瓷茶具。这些茶具在中国茶文化发展史上，都曾有过辉煌的一页。

青瓷茶具以浙江生产的质量最好。这种茶具除具有瓷器茶具的众多优点外，因色泽青翠，用来冲泡绿茶，更有益汤色之美。早在东汉年间，已开始生产色泽纯正、透明发光的青瓷。晋代浙江的越窑、婺窑、瓯窑已具相当规模。宋代，作为当时五大名窑之一的浙江龙泉哥窑生产的青瓷茶具，已达到鼎盛时期，远销各地。明代，青瓷茶具更以其质地细腻、造型端庄、釉色青莹、纹样雅丽而蜚声中外。16世纪末，龙泉青瓷出口法国，人们用当时风靡欧洲的名剧《牧羊女》中的女主角雪拉同的美丽青袍与之相比，称龙泉青瓷为"雪拉同"。当代，浙江龙泉青瓷茶具又有新的发展。

白瓷茶具具有坯质致密透明，上釉、成陶火度高，无吸水性，音清而韵长等特点。因色泽洁白，能反映出茶汤色泽，传热、保温性能适中，加之色彩缤纷，造型各异，堪称饮茶器皿中之珍品。早在唐时，河

■ 被誉为"红官窑"的醴陵瓷　　　■ 醴陵毛主席用瓷茶杯
　釉下五彩茶杯

北邢窑生产的白瓷器具已天下无贵贱通用之。元代，江西景德镇白瓷茶具已远销国外。白釉茶具适合冲泡各类茶叶，加之造型精巧，装饰典雅，其外壁多绘有山川河流，四季花草，飞禽走兽，人物故事，或缀以名人书法，又颇具艺术欣赏价值，所以使用最为普遍。

黑瓷茶具始于晚唐，鼎盛于宋，延续于元，衰微于明、清，这是因为自宋代开始，饮茶方法已由唐时煎茶法逐渐改变为点茶法，而宋代流行的斗茶，又为黑瓷茶具的崛起创造了条件。宋人衡量斗茶的效果，一看茶面汤花色泽和均匀度，以"鲜白"为先；二看汤花与茶盏相接处水痕的有无和出现的迟早，以"盏无水痕"为上。蔡襄在《茶录》中说：

■ 五代吴越国秘色瓷茶盏托　■ 五代吴越国白瓷茶盏及盏托　　■ 宋代油滴盏

"视其面色鲜白，着盏无水痕为绝佳；建安斗试，以水痕先者为负，耐久者为胜。"而黑瓷茶具，正如宋代的祝穆在其《方舆胜览》卷中说的，"茶色白，入黑盏，其痕易验"。所以，宋代的黑瓷茶盏，成了瓷器茶具中的最大品种。福建建窑、江西吉州窑、山西榆次窑等，都大量生产黑瓷茶具，成为黑瓷茶具的主要产地。黑瓷茶具的窑场中，建窑生产的"建盏"最为人称道。蔡襄《茶录》中这样说："建安所造者……最为要用。出他处者，或薄，或色紫，皆不及也。"建盏配方独特，在烧制过程中使釉面呈现兔毫条纹、鹧鸪斑点、日曜斑点，增加了斗茶的情趣。宋代茶盏在天目山径山寺被日本僧人带回国后，一直被称为珍贵无比的"唐物"而崇拜，直至今天。明代开始，由于"烹点"之法与宋代不同，黑瓷建盏终于式微，基本完成实际功能的历史使命，而作为审美功能永恒存在于现实生活中。

彩色茶具的品种花色很多，其中尤以青花瓷茶具最引人注目。青花瓷茶具，其实是指以氧化钴为呈色剂，在瓷胎上直接描绘图案纹饰，再涂上一层透明釉，尔后在窑内经1 300℃左右高温还原烧制而成的器具。古人将黑、蓝、青、绿等诸色统称为"青"，"青花"由此具备了以下特点：花纹蓝白相映成趣赏心悦目，色彩淡雅幽菁可人华而不艳，彩料涂釉滋润明亮平添魅力。

元代中后期，青花瓷茶具开始成批生产，江西景德镇成为中国青花瓷茶具的主要生产地。元代绘画的一大成就，是将中国传统绘画技

■ 粉彩茶具

■ 青花茶具

法运用在瓷器上，因此青花茶具的审美突破民间意趣，进入中国国画高峰文人画领域。明代，景德镇生产的青花瓷茶具，诸如茶壶、茶盅、茶盏，花色品种越来越多，质量愈来愈精，无论是器形、造型、纹饰等都冠绝全国，成为其他生产青花茶具窑场模仿的对象。清代，特别是康熙、雍正、乾隆时期，青花瓷茶具在古陶瓷发展史上，又进入了一个历史高峰，它超越前朝，影响后代。康熙年间烧制的青花瓷器具，史称清代之最。

彩瓷茶器还要关注粉彩、斗彩、釉里红和各种明艳动人的单色釉。

3. 陶土茶器

陶土器具是新石器时代的重要发明。最初是粗糙的土陶，然后逐步演变为比较坚实的硬陶，再发展为表面敷釉的釉陶。宜兴古代制陶颇为发达，在商周时期，就出现了几何印纹硬陶。秦汉时期，已有釉陶的烧制。

陶器中的佼佼者首推宜兴紫砂茶具。作为一种新质陶器，紫砂茶具始于宋代，盛于明清，流传至今。北宋梅尧臣的《依韵和杜相公谢蔡君谟寄茶》中说道："小石冷泉留早味，紫泥新品泛春华。"说的是紫砂茶具在北宋刚开始兴起的情景。至于紫砂茶具由何人所创，已无从考证，但从确切有文字记载而言，紫砂茶具则创造于明代正德年间。

紫砂茶具是用紫金泥烧制而成的。含铁量大，有良好的可塑性，烧制温度以1 150℃左右为宜。紫砂茶具的色泽，可利用紫泥泽和质地的差别，经过"澄""洗"，使之出现不同的色彩。优质的原料，天然的色泽，为烧制优良紫砂茶具奠定了物质基础。

紫砂茶具有三大特点：泡茶不走味，贮茶不变色，盛暑不易馊。由于成陶火温较高，烧结密致，胎质细腻，既不渗漏，又有肉眼看不见的气孔，经久使用，还能汲附茶汁，蕴蓄茶味，且传热不快，不致烫手，若热天盛茶，不易酸馊，即使冷热剧变，也不会破裂。如有必要，甚至还可直接放在炉灶上煨炖。

历代锦心巧手的紫砂艺人，以宜兴独有的紫砂土制成茶具、文玩和花盆，泡茶透气蕴香，由于材质的天下无匹及造型语言的古朴典雅，深得文人墨客的钟爱并竞相参与，多少年的文化积淀，使紫砂艺术融诗词文学、书法绘画、篆刻雕塑等诸艺于一体，成为一种独特的，既具优良的实用价值，同时又具有优美的审美欣赏、把玩及收藏价值的工艺美术精品。

一般认为明代的供春为紫砂壶第一人。供春曾为进士吴颐山的书童，天资聪慧，虚心好学，随主人陪读于宜兴金沙寺，闲时常帮寺里老僧抟坯制壶。传说寺院里银杏参天，盘根错节，树瘤多姿。他朝夕观赏，乃摹拟树瘤，捏制树瘤壶，造型独特，生动异常。老僧见了拍案叫绝，便把平生制壶技艺倾囊相授，使他最终成为著名制壶大师。供春的制品被称为"供春壶"，造型新颖精巧，质地薄而坚实，被誉为"供春之壶，胜如金玉"，"栗色暗暗，如古金石；敦庞用心，怎称神明"。

自"供春壶"闻名后，相继出现的制壶大师有明万历的董翰、赵梁、文畅、时朋"四大名家"，后有时大彬、李仲芳、徐友泉"三大妙手"，清代有陈鸣远、杨彭年、杨凤年兄妹和邵大亨、黄玉麟、程寿珍、俞国良等。时大彬作品点缀在精舍几案之上，更加符合饮茶品茗的趣味，当时就有十分推崇的诗句"千奇万状信手出"，"宫中艳说大彬

■ 时大彬僧帽壶

■ 时大彬三足如意壶

壶"。清初陈鸣远和嘉庆年间杨彭年制作的茶壶尤其驰名于世。陈鸣远制作的茶壶，线条清晰，轮廓明显，壶盖有行书"鸣远"印章，至今被视为珍藏。杨彭年的制品，雅致玲珑，不用模子，随手捏成，天衣无缝，被人推为"当世杰作"。

紫砂茶具式样繁多，所谓"方非一式，圆不一相"。在紫砂壶上雕刻花鸟、山水和各体书法，始自晚明而盛于清嘉庆以后，并逐渐成为紫砂工艺中所独具的艺术装饰。不少著名的诗人、艺术家曾在紫砂壶上亲笔题诗刻字。著名的以曼生壶为代表。当时江苏溧阳知县钱塘人陈曼生，癖好茶壶，工于诗文、书画、篆刻，特意和杨彭年配合制壶。陈曼生设计，杨彭年制作，再由陈氏镌刻书画。其作品世称"曼生壶"，一直为鉴赏家们所珍藏。

■ 邵大亨　八卦一捆竹

■ 陈荫千　竹节提梁壶

■ 陈鸣远　南瓜壶

■ 杨彭年　石瓢壶

清代宜兴紫砂壶壶形和装饰变化多端，千姿百态，在国内外均受欢迎，当时中国闽南、潮州一带煮泡工夫茶使用的小茶壶，几乎全为宜兴紫砂器具。名手所作紫砂壶造型精美，色泽古朴，光彩夺目。明代大文人张岱在《陶庵梦忆》中说：宜兴罐以龚春为上，一砂罐，直跻商彝周鼎之列而毫无愧色。名贵可想而知。近、当代紫砂大家中有朱可心、顾景舟、蒋蓉等人，他们的作品今天都被视为国宝。

紫砂之外还有粗陶，日本茶道奉若神明的茶碗，多为粗陶器，充满了朴拙枯寂之美。浙江景宁的畲祖烧、广西的钦州泥、云南的粗陶罐、台湾的岩矿壶，都是陶制茶器。

■ 日本传世粗陶茶碗

4. 漆器茶器

漆器是一种古老的工艺，漆器茶具主要产于福建福州一带。福州生产的漆器茶具多姿多彩，有"宝砂闪光""金丝玛瑙""釉变金丝""仿古瓷""雕填""高雕"和"嵌白银"等品种，特别是创造了红如宝石的"赤金砂"和 "暗花"等新工艺以后，更加鲜丽夺目，惹人喜爱。乾隆时期

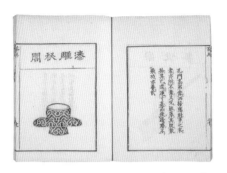

■ 审安老人《茶具图赞》中的"漆雕秘阁"

■ 乾隆时期漆雕盖碗

■ 漆器茶具以及用漆修补茶器的金缮工艺

制作了几件精美绝伦的漆雕盖碗茶器。南宋审安老人的《茶具图赞》中的"漆雕秘阁"指的就是宋代十分流行的漆器制成的茶盏托。

5. 竹木茶器

隋唐以前的饮茶器具，除陶瓷器外，民间多用竹木制作而成。陆羽在《茶经·四之器》中开列的二十多种茶具，多数是用竹木制作的。这种茶具，来源广，制作方便，对茶无污染，对人体又无害，因此，自古至今，一直受到茶人的欢迎。但缺点是不能长时间使用，无法长久保存，失却文物价值。直到清代四川出现了一种竹编茶具，它既是一种工艺品，又富有实用价值，主要品种有茶杯、茶盅、茶托、茶壶、茶盘等，多为成套制作。

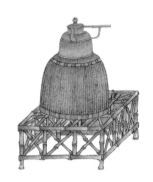

■ 竹茶炉"苦节君"

明代流行的"苦节君"是竹制茶器的典范，竹炉煮茶堪称绝配，如今竹炉已再度复兴。一度多有以实木雕琢茶盘茶海，现在已渐渐被简约的"干泡法"所取代。茶道组多以竹木制成，特别是茶夹、茶荷、茶则几件常用茶器竹制最宜，因有韧性。千利休离世前亲手制作的最后一件"名器"就是一枚竹制的茶勺，名曰"泪"。寻找或制作一枚趁手的茶则很重要，我尤其偏爱竹制，竹与茶在文化性格上最投缘。

■ 千利休身前制作的最后一件竹制茶勺"泪"

■ 竹制茶器

6. 玻璃茶器

现代，玻璃器皿有较大的发展。玻璃质地透明，光泽夺目，外形可塑性大，形态各异，用途广泛。玻璃杯泡茶，茶汤的鲜艳色泽，茶叶的细嫩柔软，茶叶在整个冲泡过程中的上下穿动，叶片的逐渐舒展等，可以一览无余，可说是一种动态的艺术欣赏。特别是冲泡各类名茶，茶具

■ 玻璃茶具

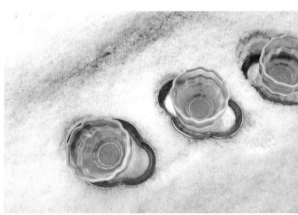

■ 江西茶席《晓起皇菊黄》选用全套玻璃茶具

■ 利用玻璃材质作为茶席的铺垫

■ 以琉璃茶盏为主的茶席《瑞雪》

作者：北京 红雨　指导：川上虹

释意：新年伊始，喜逢雪染西山。提壶拎篮，至樱桃沟水杉林。瑞雪滌尘，天地祥和纯净。起炉瀹茗，花香拂面。水烟霭霭、琉璃明澈。愿国运昌盛，百姓安泰。年年祥瑞，日日好日。

茶品：无名水仙。瀹茶器：陶炉组。

品杯：琉璃海棠杯。

杯托：大锡堂。

茶则：日本沉水神木。

饰物：琉璃佛像"问禅"、佛珠。

插花：山中野果一支。

晶莹剔透。杯中轻雾缥缈，澄清碧绿，芽叶朵朵，亭亭玉立，观之赏心悦目，别有风趣。玻璃古称琉璃，近年来中式的琉璃茶器艺术有很大发展。而西洋的玻璃艺术更悠久璀璨，以捷克、奥地利、意大利的玻璃器皿为最精美。

7. 搪瓷茶器

搪瓷茶器以坚固耐用，图案清新，轻便耐腐蚀而著称。它起源于古代埃及，后传入欧洲，现在使用的铸铁搪瓷始于19世纪初的德国与奥地利。搪瓷工艺传入我国，大约是在元代。明代景泰年间(1450—1456)，中国创制了珐琅镶嵌工艺品景泰蓝茶具，清代乾隆年间(1736—1795)景泰蓝从宫廷流向民间，这可以说是中国搪瓷工业的肇始。

自中华人民共和国成立以来直至20世纪90年代，搪瓷茶缸成为几代人的记忆。搪瓷茶缸上往往烫上单位名称、时间，当然还会有毛主席语录。这样的茶器今天几乎已无人关注，其实却承载着近半个世纪茶文化空白时期中国人对茶的集体记忆。

■ 带有历史印记的搪瓷茶杯

二、主体茶器——茶壶、茶杯、盖碗

茶席中的茶器组合是有主次关系的，其中地位最高，需要统帅全局的主体茶器必须在茶席设计中得到最大程度的表现，其他茶器都要辅佐它、配合它、围绕它展开。主体茶器也就是泡茶器，主要的款式有三种：茶壶、茶杯、盖碗。

茶壶在唐代以前就有了。唐代人把茶壶称"注子"，其意是指从壶嘴里往外倾水，据唐代考据辨证类笔记《资暇录》一书记载："元和初（806）酌酒犹用樽杓……注子，其形若罂，而盖、嘴、柄皆具。"罂是一种小口大肚的瓶子，唐代的茶壶类似瓶状，腹部大，便于装更多的水，口小利于泡茶注水。

宋人行点茶法，饮茶器具与唐代相比大致一样。北宋蔡襄在他的《茶录》中说到当时茶器，有茶焙、茶笼、砧椎、茶钤、茶碾、茶罗、茶盏、茶匙、汤瓶。茶具更求法度，饮茶用的盏，注水用的执壶（瓶），炙茶用的钤，生火用的铫等，不但质地更为讲究，而且制作更加精细。由于煎茶已逐渐为点茶所替代，所以茶壶在当时的作用就更重要。壶注为了点茶的需要而制作的更加精细，嘴长而尖，以便水流冲击时能够更加有力。

明代茶道艺术越来越精，对泡茶、观茶色、酌盏、烫壶更有讲究，茶具也更求改革创新。茶壶开始看重砂壶就是一种新的茶艺追求。晚明文震亨书成于崇祯七年的《长物志》载："茶壶以砂者为上，盖既不夺香，又无熟汤气。"因为砂壶泡茶不吸茶香，茶色不损，所以砂壶被视为佳品。

■ 明代紫砂提梁大壶

■ 鸡蛋大小的孟臣罐

茶杯是由茶盏发展而来，茶盏在唐以前就有，是一种敞口有圈足的盛水器皿。宋时开始，有了"茶杯"之名。

宋代茶盏讲究陶瓷成色，追求"盏"的质地、纹路和厚薄。蔡襄在《茶录》中说："茶色白、宜黑盏，建安所造者，绀黑，纹如兔毫，其坯微厚，熁之久热难冷，最为要用。出他处者，或薄，或色紫，皆不及也。其青白盏，斗试家自不用。"从中得知，茶汤白宜选用黑色茶盏，目的就是为了更好地衬托茶色。

《长物志》中记录明朝皇帝的御用茶盏说：明宣宗朱瞻基喜用"尖足茶盏，料精式雅，质厚难冷，洁白如玉，可试茶色，盏中第一。"明世宗朱厚熜则喜用坛形茶盏，时称"坛盏"。坛盏上特别刻有"金篆大醮坛用"的字样。"醮坛"是古代道士设坛祈祷的场所。因明世宗后期迷信道教，常在"醮坛"中摆满茶汤、果酒，独坐醮坛，手捧坛盏，一边小饮一边向神祈求长生不老。

■ 顾景舟警钟壶

■ 明代斗彩粉蝶盏

碗，古称"椀"或"盌"。茶碗也是唐代一种常用的茶具，茶碗当比茶盏稍大，但又不同于如今的饭碗，用途在唐宋诗词中有许多反映。诸如唐白居易《闲眼诗》云："昼日一餐茶两碗，更无所要到明朝。"诗人一餐喝两碗茶，可知古时茶碗不会很大，也不会太小，唐宋文人墨客大碗饮茶，从侧面反映出古代文人与饮茶结下不解之缘。

茶碗在唐代被发明了底托，明代开始有了茶盖，用了近八百年时间终于形成了盖碗。盖碗由盖、托、碗三件组成，象征天、地、人，因此又名"三才碗"。大盖碗用于直接泡茶品饮，小盖碗则与紫砂壶一样可用于冲泡工夫茶。

■ 汉代陶碗　　　■ 唐代秘色瓷茶碗　　　■ 盖碗

三、当代茶席的茶器组合

目下，茶席设计中的茶器组合渐趋简约，上得了席面的每一件茶器都必须是必要的，能为茶席冲泡、演示发挥作用的，否则不取。常规茶席的茶器配置如下：

❉ 煮水器。

❉ 壶承。

❉ 泡茶器，茶壶、盖碗等。

❉ 盖置，用于搁置茶壶或盖碗的盖子。盖置一物，不要拘泥，只要能满足功能，可以自己寻找精美的物件代替。

❉ 匀杯，即公道杯，用以中和茶汤浓度，方便均分茶汤。这件茶器是中国台湾20世纪80年代所创造，确实方便公平，但古典茶艺中有"关公巡城""韩信点兵"手法，同样可以均分茶汤。

❉ 茶漏，出汤时用以过滤茶汤中的细末。茶艺精湛者不需此物，潮州工夫茶中即无此茶器。

❀ 茶盏，或称茶杯。

❀ 茶船，平的即称杯垫。

❀ 茶仓，又名茶藏、茶入，即茶叶罐。

❀ 茶荷，又名赏茶盒，用于欣赏干茶，现在多制成"臂搁"造型。

❀ 茶则。

❀ 则置，用以搁置茶则，选用则置与盖置同理，细微之处最显得精彩。

❀ 茶巾，又称洁方。材质要易吸水。

❀ 水盂，古称滓方，即废水缸。水盂不是茶席上的垃圾缸，一定要保持清洁。也有茶席将水盂略去，以壶承的功能替代之。

❀ 叶底盘，用以欣赏冲泡完成之后的茶叶叶底。

作家王小波说过："在器物的背后，是人的方法和技能，在方法和技能的背后是人对自然的了解，在人对自然了解的背后，是人类了解现在、过去与未来的万丈雄心。"茶席中的茶器就有这样的使命。

■ 宁波玉成窑博物馆茶席作品

第三节　铺　垫

一、铺垫的作用

　　铺垫指的是茶席整体或局部物件摆放下的铺垫物。铺垫的大小、质地、款式、色彩、花纹，应根据茶席设计的主题与立意加以选择。

　　在茶席中，铺垫的作用：一是使茶席中的器物不直接触及桌面或地面，保持器物的清洁，还可以吸收冲泡过程中漏下的茶水；二是以自身的特征共同辅助器物完成茶席设计的主题。

　　在视觉上，选对一块铺垫，能够有效地将整个茶席的元素统一起来。在茶席中，铺垫与各种器物之间的关系就像人与家、鱼与水的关系。人只有回到家中，才最自由自在，能够找到生理与精神上的归属感。鱼在水中不仅是自由的象征，更是生命的必须。这样来比喻茶席的

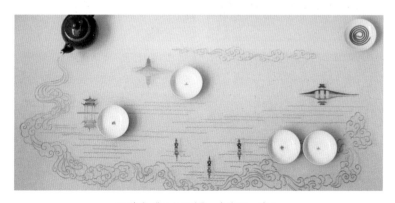

■ 茶席《云水西湖》　金家虹　作品

铺垫与其他要素的关系很恰当，如果没有铺垫，各种器物不仅散漫没有美感、没有归属，并且难以构成一个完整的茶席。甚至"茶器成列"与"茶席"之间的区别也就在于此了。所以，铺垫虽是器外之物，却是茶席的重要组成部分，对茶器的衬托和茶席主题的体现起着至关重要的作用。

二、铺垫的选择

1. 茶席的尺寸

没有规矩，不成方圆。铺垫的大小往往就是茶席的尺寸，尺寸因功能而定，可大可小。一般而言，选用的桌面宽80厘米，长120厘米，最适合茶席的铺设。因为宽与长的比例，正好是黄金分割比，视觉上有最舒适的感受。

2. 铺垫的材质

铺垫的材质可以分为织品类和非织品类。织品类：棉布、麻布、化纤、蜡染、印花、毛织、织棉、绸缎、手工编织等。非织品类：竹编、草秆编、树叶铺、纸铺、石铺、磁砖铺、不铺（利用桌面本身的材质与肌理）等。

■ 铺垫材质的华丽感与石桌朴拙质感的对比

三、铺垫的形状

铺垫的形状一般分为正方形、长方形、三角形、圆形、椭圆形、几何形和不确定形。正方形和长方形，多在桌铺中使用。三角形基本用于桌面铺，正面使一角垂至桌沿下。椭圆形一般只在长方形桌铺中使用，它会突显四边的留角效果，为茶席设计增添了想象的空间。几何形易于变化，不受拘束，可随心所欲，又富于较强的个性，是善于表现现代生活题材茶席设计者的首选。

四、铺垫的色彩

铺垫色彩的基本原则是：单色为上，碎花为次，繁花为下。铺垫，在茶席中是基础和烘托的代名词。它的全部努力，都是为了帮助设计者实现最终的目标追求。单色最能适应器物的色彩变化。茶席铺垫中运用单色，反而是最富色彩的一种选择。碎花，包含纹饰，在茶席铺垫中，只要处理恰当，一般不会夺器，反而更能恰到好处的点缀器物、烘托器物。繁花在一般铺垫中不选用，由于花纹的繁杂，容易将茶席元素淹没。单色、碎花、繁华，又可以在设计的过程中不同比例的组合使用。色彩的混搭往往使茶席更灵动出彩。

五、铺的方法

只要能烘托茶席艺术效果的材料，可以发挥想象，都可使用。

❋ 平铺，又称基本铺，是茶席设计中最常见的铺垫。即用一块横、直都比桌、台、几大的铺品，将四边沿垂掩住的铺垫。

❋ 对角铺，就是将两块正方形的织品一角相连，两块织品的另一角顺沿垂下的铺垫方法，以造成桌面呈四块等边三角形的效果。

❋ 三角铺，即是在正方形、长方形的桌面将一块比桌面稍小一点的正方形织品移向而铺，使其中两个三角面垂沿而下，造成两边两个对等三角形，而桌又成一个棱角形的铺面。

❋ 叠铺，是指在不铺或平铺的基础上，叠铺成两层或多成的铺垫。叠铺是非常常用的茶席艺术表现手段之一。

❀ 立体铺，即茶席铺垫不在一个平面上，铺成高低上下错落的形式。

案例：日本和风茶席《茶之路·茶之心》

中泽弥生女士创作的和风茶席《茶之路·茶之心》是对把茶从中国带往日本的高僧的感怀。泡的是日本的抹茶，香味微甜，茶的味道能够让人在鲜嫩的绿色中品尝到柔和的微甜。想要表现的感觉是献茶——表达对拼上自己的性命千辛万苦渡海带回茶叶僧侣们的感激之情。

预定使用的茶具（包括了小道具）：桌布、桌角、脚垫、长板、茶碗、茶勺、茶刷、枣形罐、水罐、煮水器、茶巾、花瓶、花。

想要表现出僧侣们诚心向佛的印象，拒绝华丽的装饰，而改为清雅装扮的茶室。《茶之路·茶之心》，首先，想要表现的是茶远渡大洋来到日本的历史。其次，想要描绘的是最初带回茶的日本僧侣们和中国僧侣们身上所穿着的僧衣颜色。黄色代表的是中国，黑色代表的是日本。接着，是要表达能慎重地接纳茶水和茶杯的敬意，因为这是代表了在西方净土上神圣的佛祖。纯白色象征的是西方乐土，金色的长板则是神圣的代表。

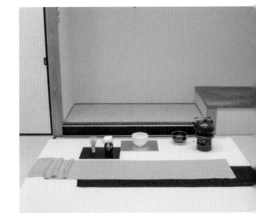

最后，茶对日本人的心灵有着不可取代的重要影响，作为精神修行的茶道发展，也是想要表现的感情之一。

设计者对中国历史有研究，能够体悟到历史的厚重，并且有着深深的敬畏之心，又用简约的色块和干净的线条把这份内涵表现出来，将铺垫运用得极具匠心。

第四节 挂 画

挂画，又称挂轴。茶席中的挂画，是悬挂在茶席背景环境中书与画的统称。书以汉字书法为主，画以中国画为主。我国西汉出现制纸，成为世界"四大发明"之一。人们在纸上书写文字与绘画，裱入绢布贴挂在墙上。挂轴的出现，始自北宋。挂轴的展览功能与先前的题壁一样，而且更适合于保存。到明清，单条、中堂、屏条、对联、横披、扇面等相继出现，成为书法、绘画艺术的主要表现形式。

茶圣陆羽在《茶经·十之图》中，就曾提倡将有关茶事写成字幅挂在墙上，以"目击而存"，希望用"绢素或四幅或六幅，分布写之，陈诸座偶"。到宋代，茶席挂画成为中国人艺术化生活的经典场景。

在日本茶道中挂轴是第一重要的道具。千利休在《南方录》中指出："挂轴为茶道具中最最要紧之事。主客均要靠它领悟茶道三昧之境。其中墨迹为上。仰其文句之意，念笔者，道士、祖师之德。"当客人走进茶室后，首先要跪坐在壁龛前向挂轴行礼，向书写挂轴的人表示敬意。看挂轴便知今日茶事的主题。

一休宗纯（1394—1481）是日本室町时代禅门临济宗的著名奇僧，也是著名的诗人、书法家和画家。他从中国高僧圆悟克勤（1063—1135）处传承了著名的墨迹"禅茶一味"。传说有一天，一休在海边散步，见到一卷画轴被海浪冲到岸边。拣起展开一看，竟然是从东土大宋漂流而来的一幅书法墨迹，写着"禅茶一味"四个字。自此一休在禅与茶上得到了真传，后来他又将这卷珍贵的墨迹传给了自己的弟子村田珠光。对于日本茶道，圆悟的墨迹成了茶与禅结合的最初标志，成为茶道界最高的宝物。村田珠光从此将墨迹运用于茶道，茶室中一定要悬挂书画。人们走进茶室时，首先要在墨迹前跪下行礼，表示对圆悟克勤祖师的敬意。这就是"墨迹开山"典故的由来。村田珠光的这一举动，开辟了禅茶一味的道路，被确立为日本茶道的开山之祖。

■ 千利休设计的茶室
　"待庵"中的挂轴

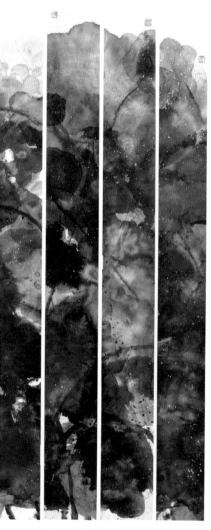

■ 《雨荷》 四条屏　邢延岭　作品

可见茶席上的挂画并非是对茶席的装饰，而是茶人对书画艺术的一种修养。品茗是与书画欣赏紧密结合的。

挂轴由天杆、地杆、轴头、天头、地头、边、惊燕带、画心及背面的背纸组成。天杆即为挂轴的顶杆，卷入绢中，起平整轴面及穿心绳挂的作用，古时常以柚木制作。地杆古时用檀木制之，卷入地头中，两边镶入轴头。轴头一般呈圆形。地杆较粗，有一定重量，起平整、稳固挂轴的作用。古时地杆有玉制的，称为上品。天头与地头是画心与天杆、地杆之间的裱品。古时天头、地头作绫裱。边即画心两边的裱品，一般用绢裱。绫、绢皆为薄而软的丝织品，有图案花纹者为绫；素面无纹谓绢。画心是中间书有字或绘以画的部分，置中心，故谓画心。天头中的两条称惊燕带，白色素面绢织，起加固挂轴以利悬挂的作用。挂轴的背面贴有宣纸一层或多层，称背纸，起平整、加厚和加固挂轴的作用。

就挂画的形式来说有如下几种：

单条：指单幅的条幅。

中堂：指挂在厅堂正中的大幅字画。两边另有对联挂轴，顶挂横批。

屏条：成组的条幅。常由两条或多条组成。

对联：有上联和下联组成。一般粘贴、悬挂或镌刻在厅堂门柱上。

横批：与对联相配的横幅。一般字数比联句少。

扇面：指折扇或团扇的面儿，用纸、绢等做成。扇面上书以字或绘以画，或字、画同用。

挂画的内容分书法与绘画，书法内容可以是诗文、茶语、词偈、信函等。中国与茶相关的诗文浩如烟海，日本茶室的挂轴内容还专门编成了一部辞典。以表现汉字为内容的书法，常以大篆、小篆、隶书、章草、今草、行书、楷书等形式出现。

大篆：汉字书体的一种，相对小篆而言，先于小篆。

小篆：秦代通行的一种字体，省改大篆而成。亦称秦篆，后世通称篆书。

隶书：也叫佐书、史书，由篆书简化演变而成。把篆书圆转的笔画变成方折，改象形为笔画化，以便书写。始于秦代，普遍使用于汉魏。

章草：草书的一种。汉代流行。笔画有隶书的波磔，每字独立而不连写。

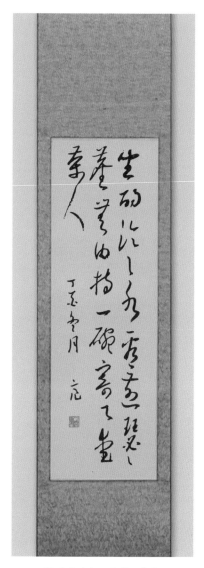

■ 书法立轴　陈亮　作品

今草：晋以后发展为笔画相连的草书新体。

行书：介于草书与楷书之间的一种汉字字体。

楷书：又称正书、正楷。由隶书演变而成。以行体方正，笔画平直，可作楷模，故谓楷书。

茶席挂轴的内容，除了书法也可以是中国画，尤其是水墨画。我国茶席中挂轴的绘画内容多姿多彩。山水、花鸟、人物三大国画题材各有妙用。在茶席挂画中，也特别提倡茶人自己写、自己画，甚至自己装裱。

■ 山水、花鸟小品　邢延岭　作品

第五节　插　花

插花，是指人们以自然界的鲜花、叶草为材料，通过艺术加工，在不同线条和造型变化中，融入一定的思想和情感而完成的花卉的再造形象。东方的插花起源于中国，后传入日本发展为花道。花道通过线条、色彩、形态和质感的和谐统一，以求达到"静、雅、美、真、和"的意境，目的在于逐步培养插花人的身心和谐，与自然、社会的和谐。当代插花也认为，插花是用心来塑造花型、用花型来传达心态的一门造型艺术，它通过对花卉的定格，表达一种意境，以体验生命的真实与灿烂。

插花，见于茶席中也历史悠久。宋代，人们已将"点茶、挂画、插花、焚香"作为"四艺"，同时出现在品茗环境中。

插花分为西方式插花和中国式插花两大类。西方式插花在形式上多为几何构图，讲究对称；用花的品种和数量都

■ 江晓鹿　作品

非常大，有丰茂繁盛之感；用色也多样，力求浓重鲜艳，常制造出热烈、华丽、缤纷等气氛效果。西方插花常以平面的或立体的几何图案作为表现形式。平面的即只能从一个面观赏，称为一面观花型，多靠墙摆设，主要的类型有三角形、扇形、倒T形、L形、椭圆形、不等边三角形等；立体的就是可以从四个面、多角度观赏，可摆在桌子、茶几等家具的中间，主要的类型有半球形、水平形、新月形、S形、圆锥形等。近代的西方插花也发展出一些较自由的形式，如并列型、组合型等。

近代的中国式插法，受到日本花道和西洋式插法的影响，取长补短，为中国传统插法增添了新意。较常见中国式插花的基本造型有以下几种：

1. 图案式插花　又称"规则式插花"，是一种较规范的插法，且艺术要求也较高。常用于盆式插花。其造型必须在插花前先构图设计，然后挑选作主花的花枝，再以其他花材作补充，并要求兼顾正面和侧面，使之能达到图案设计的要求。

■ 图案式　江晓麓　插花作品

2. 自然式插花　自古以来，人们热衷于再现花草植物的自然生长姿态，此艺术手法除见诸陶瓷、绘画等之外，插花也有自然插法。这种插法要求在花枝之间，花果、叶各部位之间，几方面符合对称平衡，使其造型给人自然之美感。

■ 自然式　江晓麓　插花作品

3.线条式插花 又称"弧形式插花",要求造型保持一定弧形线条和具有艺术完整性。线条表现力十分丰富,显示了一种无形力量的存在,各种不同风格的线条表达不同的内涵,如粗壮有力线条表达阳刚之气,纤细柔韧的线条花枝,剪裁不同长度,并用三个不同的位置和方向固定花枝,使他们不至于相互交叉或相叠。此插花可用高瓶。

■ 线条式　江晓鹿　插花作品

4.盆景式插花 这是着重意境,构思雅致,不要求色彩华丽的插花。因一般只供正面欣赏,故插花时注意视点宜略高。盆内需设花座(花针),以固定花枝。花器宜浅,采用山水盆景的浅盆,效果更佳。至于盆的形状,可以使用椭圆形、长方形、方形和圆形等。尤其幽兰、文竹、菖蒲,成为文人茶客最爱。

■ 盆景式　江晓鹿　插花作品

5.野逸式插花 这是一种新的艺术插花形式。它突破了过去以花枝为主的传统,而表现出大自然的风气。野逸式插花把郊野气息带入了居室,善用野花、野果、野草,尤其是野生、水生植物的枝、叶、果作插花材料,具有其独特的风格。

■ 野逸式　江晓鹿　插花作品

这些插花的手法都可以运用到茶席插花上，但茶席中的插花，不同于一般的宫廷插花、宗教插花、文人插花和民间生活插花。茶席插花永远是一个最佳的配角，它必须与茶、茶器相得益彰，起到点亮茶席生命力的作用。

　　为体现茶的精神，追求崇尚自然、朴实秀雅的风格。茶席插花要求简洁、淡雅、小巧、精致。在日本茶道中这样的茶席插花被千利休称为"抛入花"。茶席插花所选的花材限制较小，山间野地，田头屋角随处可得，一般是应四季花草的生长，选择少量花材即可，也可在一般花店采购。在花器的质地上，一般以竹、木、草编、藤编和陶瓷为主，以体现原始、自然、朴实之美。

第六节　焚　香

焚香，是指人们将从动物和植物中获得的天然香料进行加工，使其成为各种不同的香型，并在不同的场合焚熏，以获得嗅觉上的美好享受。在茶席上点香有四个目的：一为清净身心，二为净化空气，三为欣赏香味与香器，四是以改变气味达到情境转换的目的。

■ 上海"茶于1946"　徐琴　香席作品

一、香料的选择

自然香料，一般由富含香气的植物与动物提炼而来。植物中富含香气的树木、树皮、树枝、树叶、花果等都是制香的原料。而动物的分泌物所形成的香，如龙涎香、麝香等也是香料的来源。比较经典的香料有：沉香、檀香、龙涎香、麝香、安息香、龙脑香、丁香、木香、迷迭香、玫瑰花香等。宋代的陈敬著有介绍各种香品的专著《新纂香谱》，可以细读。

　　茶席中香料的选择，应根据不同的茶席内容及表现风格来决定。但基本上以清新、淡雅的植物香料为宜。香气浓重容易喧宾夺主。

二、香器的摆放

　　香器的款式不一，有香炉、香插等。在茶席中的摆放应把握以下几个原则，一是不夺香，即香炉中的香料，不应与茶道造成强烈的香味冲突。一般茶香，即便再浓，也显淡雅。生活类题材茶席，基本以选茉莉、蔷薇等淡雅的花草型香料为宜。二是不要在风大的地方焚香，香气飘散过速。茶席展示场所总有气流流动，如焚香之香气，与茶香之香气处于同一气流之中，必将冲淡茶香。三是不挡眼，香炉摆放的位子，对茶席动态演示者或是观赏者来说，都需置于不挡眼的位置。

■ "茶于1946"香席作品

第七节　摆　件

　　茶席中的摆件，若能与主体器具巧妙配合，往往会为茶席增添别样的情趣。因此，摆件的选择、摆放得当，常常会获得意想不到的效果。

一、摆件种类

　　相关工艺品的种类繁多，只要适合茶席主题，皆可进入。自然物类有：石类、植物盆景类；花草类；干枝、叶类等。生活用

■ 明式多宝阁　庞颖　作品

品类有：穿戴类、首饰类、化妆品类、厨用类、文具类、玩具类、体育用品类、生活用品类等。艺术品类有：乐器类、民间艺术类、演艺用品类等。宗教用品有：佛教法器、道教法器、西方教具。传统劳动用具有：农业用具、木工用具、纺织用具、铁匠用具、鞋匠用具、泥工用具。历史文物类有：古代兵器类、文物古董类等。

　　各种摆件中，尤其以供石最为古朴高雅，重点介绍。据明代文震亨《长物志》"品石"描述，供石之中以灵璧石为上品，英石稍次。但这两个品种非常稀少珍贵，很难买到，高大的尤其难得。小的，置于几案，色

如漆器光亮，声如玉石清脆的，最佳。灵璧石产自安徽凤阳，在灵璧深山里，挖开沙土就显露出来，它有玉一样的细白纹，没有孔眼。好的灵璧石如卧牛、盘龙，有各种奇异的形态，堪称珍品。英石产自广东英德的倒生岩下，因为英石从岩石上钜下，所以呈底部平齐的立柱形。太湖石分水石、旱石两种，水石产于太湖中，旱石产于吴兴卞山下。水中的太湖石最珍贵，经波涛常年冲击侵蚀，形成许多洞孔，每一面都精巧细微。有渔夫捕鱼时捞起来的湖底小石，与灵璧石、英石也很相像，但声音不清脆。尧峰石产于苏州尧峰山，石头上苔藓丛生，古朴可爱。可参看宋代杜绾所著的《云林石谱》。

■ 《韵海之巅》茶席作品
中的摆件

二、摆件在茶席中的地位与作用

人们在社会生活中，由于个人的性格、情感、体能等方面的需求，不同的生活阶段，总是以不同的生活方式生活，或是与某种物品相伴，久之，对这些物品就有了感情，并深深留在记忆中。

在整体茶具的布局中，摆件的数量不多，总是处于茶席的旁、边、侧、下及背景的位置，服务于主器物。摆件不像主器物那样不便移动，而是可由设计者作随意的位置调动。因此，相关工艺品成为最便于设计者利用的物件，在对它作不停地换位调整后，最终达到满意的设计效果。摆件不仅能有效地陪衬、烘托茶席的主题，还能在一定的条件下，对茶席的主题起到深化的作用。作为茶席主器物的补充，无论从哪个方面来说，相关工艺品的作用都是不可忽视的。

摆件在茶席中摆放的误区要注意：

一是主题与茶席整体设计的主题、风格不统一。二是与主体茶器相冲突。三是清供体积太大妨碍茶席的观赏，或太小而达不到视觉效果，又或者太多而淹没了茶器。

三、茶宠

茶宠是茶席摆件中的一大宗，是无用之用的玩意，其艺术价值、商业价值是不容轻视的。

"茶宠"顾名思义就是茶水滋养的宠物，多是用紫砂或澄泥烧制的陶质工艺品，喝茶时用茶蘸茶汤涂抹或茶水直接淋漓，年长日久，茶宠就会温润可人，茶香四溢。常见茶宠如金蟾、貔貅、辟邪、小动物、人物等。一些茶宠制作工艺精湛，具有极高的收藏价值。还有些茶宠利用中空结构，浇上热水后会产生吐泡、喷水的有趣现象。

古玩行业讲究包浆，包浆也就是以物品为载体的岁月痕迹。养出来的东西显露出一种温存的旧气，不同于新货那种刺目的"贼光"。茶宠的养护方法与紫砂壶一样。

首先选择自己喜爱的茶宠，只有喜欢才会细心的欣赏与呵护；其次，常要用茶汤淋浇，在茶席的行茶过程中可一边品茶一边用养壶笔轻轻抚刷；还要尽可能以一种类型的茶来养护茶宠，这样就不会因接触不同质地茶而令颜色不纯正。

■ 茶宠"笨鸟" 何征 作品

第八节　茶　食

　　茶食是指专门佐茶的食品，其中以茶为原料的各类佐茶食品是现在人们关注的热点。茶食包括：水果、干果、点心、肉类等，还延伸出茶菜和茶宴。

■ 杭州和茶馆的精美茶点

一、茶食种类

1.水果　　在晋代水果这类佐茶食品已经堂而皇之地登上了士大夫的餐桌，并且上升到极高的精神层面。《晋中兴书》记载："陆纳为吴兴太守，时卫将军谢安常欲诣纳，纳兄子俶怪纳，无所备，不敢问之，乃私蓄十数人馔。安既至，所设唯茶果而已。俶遂陈盛馔珍羞必具，及安去，纳杖俶四十，云：'汝既不能光益叔父，奈何秽吾素业？'"茶文化史上一直以此例作为陆纳性廉的象征。茶与之相配的瓜果，在这里不但是内容，也是形式，是传递俭廉精神的重要载体。人们经常选用色彩鲜艳，食用方便的水果来搭配茶食，如西瓜、圣女果、苹果、甜橙、桃子、菠萝、葡萄、香蕉、芒果、猕猴桃等。

2.干果　　干果佐茶是绝美的搭配，干果营养物质丰富，口感均较为清淡，没有刺激的味道，与茶清鲜的味觉搭配可以较好的融合略微苦涩的口感，同时干果的香气和茶的香气可以很好的融合。　常见的坚果一般分为两类：一类是树坚果，包括核桃、杏仁、腰果、白果、松子、开心果、夏威夷果等；另一类是植物的种子，如花生、葵花子、南瓜子、西瓜子等。坚果中主要含有蛋白质、不饱和脂肪、各类维生素、微量元素和膳食纤维等，这些丰富的营养物质有助于降低人类的心脏性猝死率，调节人体血脂，提高视力，补脑益智，特别适合孕妇和儿童食用。喝过几泡茶后，偶尔拾起一粒坚果，放入口中细细咀嚼，在口中回味的坚果香有助于体味茶香，是饮茶时的好伴侣。杭州临安曾以茶点"天目八供"设计茶席《陌上花开》，八供茶点为：山核桃、白果、笋丝、青豆、小香薯、花生、豆腐干、猕猴桃干。

■ 临安茶点天目八供

　　3.点心　茶点是指佐茶的点心、小吃，是茶食中目前最为流行的品类。茶点比一般点心小巧玲珑，口味更美，更丰富，制作也更精细。在茶席中的摆放也更有想象和创作的空间。饮茶佐以点心，分为干点和湿点两种。三国时就出现了茶粥。当时的张揖著《广雅》，其文曰："荆巴间采叶作饼，叶老者，饼成以米膏出之。欲煮茗饮，先炙令赤色，捣末置瓷器中，以汤浇覆之，用葱、姜、桔子芼之。"从张揖的记载中，我们可以得知，当时的荆巴间，人们将茶与别的食物掺杂在一起食用。到了唐代，茶点已十分丰富。

■ 杭州青藤茶馆的精美茶点

如今，茶点分为北京的、闽南的、潮州的、广东的、江南的以及台式、日式、西式等；根据制作方法的不同，有蒸的、烤的、炸的；根据配料的不同有荤素之分。特色比较鲜明的主要有：北京的传统茶点富于满汉传统，除了蜂糕、排叉、松糕、烧饼等；粤式茶点较传统有较大的延伸，分为干湿两种，干点有饺子、粉果、包子、酥点等，湿点则有粥类、肉类、龟苓膏、豆腐花等，其中又以干点做得最为精致，卖相甚佳，如每家茶楼必制的招牌虾饺；日式茶点，制作十分讲究，名称多与季节特征有关，如"初燕""龙田饼""寿菊糖""樱饼"等，茶点内用豆沙馅居多；西式茶点种类相对较少，主要有饼干、蛋糕、水果派、三明治等，使用各式乳酪、水果搭配而成。此外，含茶点心一类，抹茶冰激凌、红茶奶油饼干、茶瓜子、绿茶奶糖、茶多酚蛋糕等以茶为原料制作的各式零食点心也逐渐进入了我们的饮食空间。

4.肉类 可以用来当茶点的肉制品可以是香肠、肉脯、肉干等。常见的有酱牛肉、牛肉脯、牛肉干、猪肉脯、猪肉干、鱿鱼丝、鱼片干等，南方很多地方还用鸡鸭头、颈、爪等作为小吃佐茶，配上合适的茶别有一番风味。

■ 茶菜

5.茶菜　茶菜主要是指以茶为原料制作的各式菜肴。云南基诺族把鲜茶叶摘下，配以大蒜、辣椒、盐、生姜等，凉拌一下，就当正餐时的茶食用了，这就是最原始简单的吃茶法。云南少数民族赶集的时候还有如此一景，就是挑着水淋淋的腌茶到市场上去卖，和腌白菜腌萝卜一个道理。把茶叶配上别的菜，也可以构成茶菜，春秋时期的茶，就已经作为一种象征美德的食物被食用了。《晏子春秋·内篇·杂下》记载："婴相齐景公时，食脱粟之饭，炙三弋，五卵，茗菜而已。"这是说晏婴任国相时，力行节俭，吃的是糙米饭，除了三五样荤菜以外，只

■ 茶菜

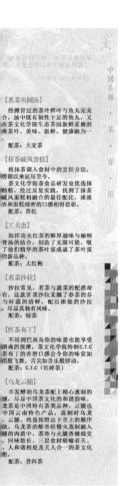

有"茗菜"而已。茗菜，在此处可以被解释为以茶为原料制作的菜。今天的茶菜丰富多彩，比如茶汁鱼片、茶叶腰花、茶粉蒸肉、茶煎牛排、牛肉茶汤等，不过，最著名的还是传统杭帮菜中的龙井虾仁：虾仁肥嫩，龙井清香，搭配起来食用，春天的气息就扑面而来。

6.茶宴　唐宋以来，茶点越来越丰富，宋代径山禅寺蔚为江南禅林，径山寺饮茶之风颇盛，常以本寺所产名茶待客，久而久之，便形成一套以茶待客的礼仪，后人称之为"茶宴"。日本禅师慕名而来。南宋末期（1259）日本南浦昭明禅师抵中国浙江余杭径山寺取经，学习该寺院的茶宴程式，将中国茶道内涵引进日本，成为中国茶道在日本的最早传播者之一。当代，上海的秋萍茶宴和杭州的西湖茶宴是其中的翘楚。浙江农林大学茶文化学院的中国茶谣馆曾于2012年精心创意烹制了一次"茶谣茶宴"招待外宾。茶宴单抄录如下：

中国茶谣·茶宴单

如果食得不好，你便不能好好思考，不能爱得深更不会睡得香！

——伍尔芙《自己的房间》

茗菜鱼圆汤：经摊青过的茶叶鲜叶与鱼丸完美结合，汤中既有韧性十足的鱼丸，又有在茶文化学院生态茶园新鲜采摘的鲜爽茶叶，美味、新鲜、健康融为一体。

配茶：大麦茶

抹茶戚风蛋糕：

将抹茶调入食材中的烹饪方法，自唐朝以来沿用至今。

茶文化学院茶食品研发室优选抹茶精粉，经过反复实践，找到了抹茶和戚风蛋糕相融合的最佳配比，淡淡茶香和蛋糕绵密的口感相得益彰。

配茶：祁门红茶

工夫蛋：坦洋工夫红茶的醇厚滋味与秘制大骨汤的结合，创造了无限可能，吸收了他们精华的茶叶蛋成就了茶叶蛋中的新品种。

配茶：大红袍

茗菜沙拉：沙拉常见，茗茶与蔬菜的配搭却罕有，这款茗菜沙拉采撷了春茶的芬芳与时蔬的清鲜，配以浓郁的沙拉酱，尽显其独有风味。

配茶：龙井茶

红茶布丁：不用到巴厘岛你的味蕾也能享受最销魂的按摩，茶文化学院特制C.T.C红茶布丁的香滑口感会令你的味觉如舞蹈般飞舞，舌尖如音乐般律动。

配茶：C.T.C（红碎茶）

乌龙云腿：半发酵的乌龙茶配上精心熏制的云腿，尽显中国茶文化的和谐韵味。乌龙茶是中国特有茶类品种，云腿也是中国云南特色产品，蒸制时乌龙茶、云腿、鸡蛋按照由下至上的顺序摆放，乌龙茶的醇香经慢火蒸制融入火腿的肉质中，茶香与火腿香缠绵交替，回味悠长。三层食材暗喻着天、地、人和谐相处及天人合一的茶文化思想。

配茶：普洱茶

杏仁茶：在《红楼梦》中第五十四回有这样一个细节：在元宵节的夜里，当大家都在准备看烟火的时候，贾母突然觉得腹中饥饿，于是王熙凤赶紧报上了早已准备好的夜宵名单，这长长的名单里，却没有一样合老太太的心意，最后贾母出人意料地选择了杏仁茶，这道常见又普通的甜点究竟有着怎样的魅力？让我们共同品鉴。

排骨玉米：精选小排配上香浓玉米，结合经典的中国南方式

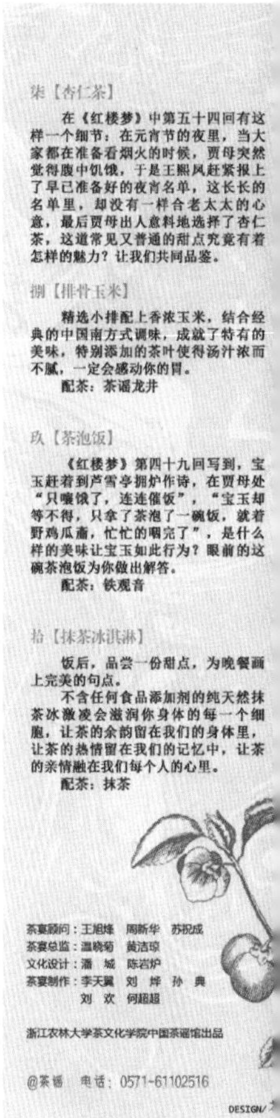
柒【杏仁茶】
在《红楼梦》中第五十四回有这样一个细节：在元宵节的夜里，当大家都在准备看烟火的时候，贾母突然觉得腹中饥饿，于是王熙凤赶紧报上了早已准备好的夜宵名单，这长长的名单里，却没有一样合老太太的心意，最后贾母出人意料地选择了杏仁茶，这道常见又普通的甜点究竟有着怎样的魅力？让我们共同品鉴。
捌【排骨玉米】
精选小排配上香浓玉米，结合经典的中国南方式调味，成就了特有的美味，特别添加的茶叶使得汤汁浓而不腻，一定会感动你的胃。
配茶：茶谣龙井
玖【茶泡饭】
《红楼梦》第四十九回写到，宝玉赶着到芦雪亭拥炉作诗，在贾母处“只嚷饿了，连连催饭”，“宝玉却等不得，只拿了茶泡了一碗饭，就着野鸡瓜齑，忙忙的咽完了”，是什么样的美味让宝玉如此行为？眼前的这碗茶泡饭为你做出解答。
配茶：铁观音
拾【抹茶冰淇淋】
饭后，品尝一份甜点，为晚餐画上完美的句点。
不含任何食品添加剂的纯天然抹茶冰激凌会滋润你身体的每一个细胞，让茶的余韵留在我们的身体里，让茶的热情留在我们的记忆中，让茶的亲情融在我们每个人的心里。
配茶：抹茶
茶宴顾问：王旭烽　周新华　苏祝成
茶宴总监：温晓菊　黄洁琼
文化设计：潘　城　陈岩炉
茶宴制作：李天翼　刘　烨　孙　典
刘　欢　何超超
浙江农林大学茶文化学院中国茶谣馆出品
电话：0571-61102516
DESIGN/

调味，成就了特有的美味，特别添加的茶叶使得汤汁浓而不腻，一定会感动你的胃。

配茶：绿茶

茶泡饭：《红楼梦》第四十九回写到，宝玉赶着到芦雪亭拥炉作诗，在贾母处"只嚷饿了，连连催饭"，"宝玉却等不得，只拿了茶泡了一碗饭，就着野鸡瓜斋，忙忙的咽完了"，是什么样的美味让宝玉如此行为？眼前的这碗茶泡饭为你做出解答。

配茶：铁观音

抹茶冰淇淋：饭后，品尝一份甜点，为晚餐画上完美的句点。

不含任何食品添加剂的纯天然抹茶冰激凌会滋润你身体的每一个细胞，让茶的余韵留在我们的身体里，让茶的热情留在我们的记忆中，让茶的亲情融在我们每个人的心里。

（茶宴设计：温晓菊　黄洁琼）

■ 杭州觋芷茶宴

■ 杭州青藤茶馆的茶宴

二、茶食的搭配

不同的茶茶性不同，口感及色泽不同，要依据各个茶的特征来搭配茶食。首先要考虑的就是茶食与茶的口感搭配，总体上来说，红茶性暖，绿茶、白茶性寒，黄茶、黑茶、青茶性温，依据这些茶的茶性搭配茶食，更能体现以人为本的理念。冬天或者女性喝绿茶就尽量避免选择寒性食物，少用西瓜、李子、柿子、柿饼、桑葚、洋桃、无花果、猕猴桃、甘蔗等水果。红茶性暖，体质热的人就不要选择温热性的荔枝、龙眼、桃子、大枣、杨梅、核桃、杏子、橘子、樱桃、栗子、葵花子、荔枝干、桂圆等热性食物为茶食。

■ 杭州观芷茶点和果子

一般来说，品绿茶，可选择一些甜食，如干果类的桃脯、桂圆、蜜饯、金橘饼等；品红茶，可选择一些味甘酸的茶果，如杨梅干、葡萄干、话梅、橄榄等；品乌龙茶，可选择一些味偏重的咸茶食，如椒盐瓜子、怪味豆、笋干丝、鱿鱼丝、牛肉干、咸菜干、鱼片、酱油瓜子等。中国台湾的范增平将此归纳为："甜配绿，酸配红，瓜子配乌龙。"当然，最好的搭配还是要自己亲口尝试最好。

三、茶食与器皿的协调

茶点茶果盛装器的选择，无论是质地、形状还是色彩，都应服务于茶果茶点的需要。换言之，什么样的茶果，选配什么样的器皿。如茶点茶果追求小巧、精致、清雅，则盛装器皿也当如此。

所谓小巧，是指盛装器皿的大小不能超过主器物；所谓精致，是指盛装器皿的制作，应精雅别致；所谓清雅，是指盛装器皿的大小应具有一定的艺术特色。

器皿的质地上，有紫砂、瓷器、陶器、木制、竹制、玻璃、金属等；形状上，有圆形、正方形、长方形、椭圆形、树叶形、船形、斗形、花形、鱼形、鸟形、木格形、水果形、小筐形、小篮形、小篓形等；色彩上，多以原色、白色、乳白色、乳黄色、鹅黄色、淡绿色、淡青色、粉红色、桃红色、淡黄色为主。

一般来说，干点宜用碟，湿点宜用碗；干果宜用篓，鲜果宜用盘；茶食宜用盏。色彩上，可根据茶点茶果的色彩配以相对色。其中，除原色外，一般以红配绿，黄配蓝，白配紫，青配乳为宜。又凡各种淡色均可配各种深色。有些盛装器里常垫以洁净的纸，特别是盛装有一定油渍、糖渍的干点干果时常垫以白色花边食品纸。

总之，茶点茶果及盛装器要做到小巧、精致和清雅，切勿选择个大体重的食物，也勿将茶点茶果堆砌在盛装器中。只要巧妙配置与摆放，茶果茶点也将是茶席中的一道风景，盆盆碟碟显得诱人而可爱。

■ 杭州和茶馆茶点

第九节　背　景

　　茶席的背景，是指为获得某种视觉效果，设定在茶席之后的艺术物态方式。我们这里特指室内背景。

　　茶席的价值是通过观众审美而体现的。因此，视觉空间的相对集中和视觉距离的相对稳定就显得特别的重要。单从视觉空间来讲，假如没有一个背景的设立，人们可以从任何一个角度自由观赏，从而使茶席的角度比例及位置方向等设计失去了价值和意义，也使观赏者不能准确获得茶席主题所传递的思想内容。茶席背景的设定，就是解决这一问题的有效方式之一。背景还起着视觉上的阻隔作用，使人在心理上获得某种程度的安全感。

一、静态背景

　　静态的背景较为传统，一般有：墙面、屏风、织品、席编、灯光、书画、纸扇等。平面装饰艺术只要与茶席相匹配，都可以展示。比如油画、版画、水彩、水粉、素面、装饰画、剪纸、刺绣、年画等。

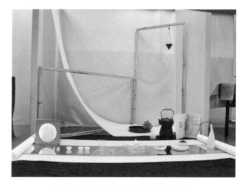

■ 2016 全国茶艺大赛获奖作品

■ 2016 全国茶艺大赛获奖作品

此外，还可以通过门洞、窗户、镜面等把室外的风景引入作为茶席背景，犹如园林艺术中的借景，称为室外背景的室内化。

二、动态背景

媒体就是人与人之间实现信息交流的中介，简单地说，就是信息的载体，也称为媒介。多媒体就是多重媒体的意思，可以理解为直接作用于人感官的文字、图形、图像、动画、声音和视频等各种媒体的统称，即多种信息载体的表现形式和传递方式。运用多媒体作为茶席的动态背景是一种全新的尝试。可以提供更新鲜、活泼的表现形式，也有足够的效率表达更丰富、多元的内容。

这样的动态背景，往往有利于茶文化的舞台艺术呈现，比如茶文化学院的作品《中国茶谣》，茶艺《竹茶会》等都运用了自导、自拍的视频背景。也因此，电影、电视艺术得以与茶席艺术有了充分结合的空间。

第十节　茶　人

茶人永远是茶席艺术的主体，既是创造者又是欣赏者。茶席与茶人的关系体现在两者美学上的精神和气质的高度契合。茶人的内在气质、修养、学识，是通过外在的礼仪、着装、谈吐等表现出来的。

陆羽《茶经》中对茶人品质的描述归纳为四个字"精行俭德"。这种品质也是茶人在面对茶席艺术时所应有的态度。"俭德"并不仅仅是俭朴、简素的德行，而是一切美德的综合，至少我们可以理解为"俭朴而高贵"的内在修养。相对于"俭德"，我们决不能忽视了"精行"，其中包含着如何将美好的内在修养呈现，表达出来的礼仪、技巧与能力。

一、仪表美

茶人的仪表首先是形体美。当人处于茶席之中时，即使不说话不行动，其体态都流露出了礼仪的表达。应该说，体态美是一种极富魅力和感染力的美，它能使人在动静之中展现出人的气质、修养、品格和内在的美，传达着茶席对美的诠释。

1.**优雅的站姿**　站立在茶席中，男士要求"站如松"，刚毅洒脱；女士则应秀雅优美，亭亭玉立。

2.**端正的坐姿**　端坐在茶席中，应该让人觉得安详、舒适、端正、舒展大方。入座时要轻、稳、缓，若是裙装，应用手将裙子稍稍拢一下，不要待坐下后再拉拽衣裙，会有不雅之感。正式场合一般从椅子的左边入座，离座时也要从椅子左边离开，这也是一种礼仪上的要求。

3. 稳健的走姿　稳健优美的走姿可以使茶席产生一种动态美。标准的走姿是以站立姿态为基础，挺胸、抬头、收腹，保持身体立直，以大关节带动小关节，排除多余的肌肉紧张，以轻柔、大方和优雅为目的，要求自然、面带微笑。行走时，身体要平稳，两肩不要左右摇摆晃动或不动，两臂自然摆动，不可弯腰驼背，不可脚尖呈内八字或外八字，脚步要利落，有鲜明的节奏感，不要拖泥带水。步伐可快可慢，但脚步要轻，无论如何着急，只能快步走，不能奔跑。茶主人在茶艺呈现或奉茶时行走，要如风一般，女士两脚间距约23厘米，步频以118步／分钟为宜；

■ 茶艺教师钟斐

男士两脚间距约28厘米,步频以100步/分钟为宜。若在客人侧边行走,应站于客人左侧前后。若向右转弯时应右足先行,反之亦然。若需后退,应先后退两三步后再转身,以免臀部直接朝向客人。

4.挺拔的跪姿 由于茶席的特殊性,有时需要用到跪姿。中国人习惯于跪,以表达最高的礼节。古时人们要坐,多半是席地而坐。坐时两膝着地,脚面朝下,身子的重心落在脚后跟上,这种坐姿与现在的跪一样。如果上身挺直,这种坐姿叫长跪。跪和长跪都是古人常用的一种坐姿,与通常所说的跪地求饶的"跪",姿势虽然相似,含义却不相同,完全没有卑贱、屈辱之意。

茶席中的"跪",正是沿用了古人的礼仪。一般的跪姿都是双膝着地并拢与头同在一线,上身(腰以上)直立,同时要把脚背弯下去贴在地上,臀部完全坐在脚后跟上。袖手或手臂自然垂放于身体两膝上,抬头、肩平、腰背挺直,目视前方。而男士可以与女士略有不同,将双膝分开与肩同宽。

5.茶席的主人应适当修饰仪表 与茶席直接接触的是茶主人的双手,无论男性还是女性,都要保持手的清洁,指甲修短整齐。服饰的整洁也非常重要,特别要保持领口与袖口的平整与清洁。一般女性可以淡妆,表示对客人的尊重,以恬静素雅为基调,切忌浓妆艳抹,有失分寸。需要特别注意的是手上不能残存化妆品的气味,以免影响茶叶的香气。要做到礼仪周全,举止端庄。

发型原则上要根据自己的脸型,选择适合自己气质的发型,不染色,应给人一种很干净、舒适、整洁、大方的感觉。长发应束发,短发应梳于耳后,操作时头发不得挡住视线。男性虽然不需要过多地修饰,但最起码的整洁是必不可少的。不建议蓄胡须,建议剪短发,以容易整理的发型为佳。

二、风度美

　　风度是一个人的性格、气质、情趣、修养、精神世界和生活习惯的综合外在表现，是社交活动中的无声语言。一个人的个性很容易从泡茶过程中表露出来，可以借着姿态动作的修正，潜移默化一个人的心情。茶主人行茶动作应谦和、流畅、准确、优美。风度美是神情和风韵的综合反映。

　　在茶席中应保持恬淡、宁静、端庄的表情。一个人的眼睛、眉毛、嘴巴和面部表情肌肉的变化，能体现出一个人的内心，对人的语言起着解释、澄清、纠正和强化的作用，对茶主人的要求是表情自然、典雅、庄重，眼睑与眉毛要保持自然的舒展。

■上海"沫菜"茶主人

1．目光　　目光是人的一种无声语言，往往可以表达有声语言难以表达的意义和情感，甚至能表达最细妙的表情差异。茶席中的良好形象，目光是坦然、亲切、和蔼、有神的。特别是在与客人交谈时，目光应该是注视对方，这既是一种礼貌，又能帮助维持一种良好的联系，使谈话在频频的目光接触中持续不断。

2．微笑　　微笑与茶一样，带着亲和力而来。微笑可以说是社交场合中最富吸引力、最令人愉悦、也最有价值的面部表情，它可以与语言和动作相互配合起互补作用，不但能够传递茶席中友善、诚信、谦恭、和谐、融洽等最美好的感情因素，而且反映出茶主人的自信、涵养与和睦的人际关系及健康的心理。巧笑倩兮，美目盼兮。"巧笑"使人感到亲切、温暖、愉悦，通过顾盼生辉打动人心。

三、语言美

在茶席展示的过程中，茶主人还需要通过语言来进一步说明与表现自己的作品，并与客人进行良好的沟通与交流。

首先，语言的生动效果常常是依赖语言的变化而实现的，语音变化主要是声调、语调、语速和音量，如果这些要素的变化控制得好，会使语言增添光彩，产生迷人的魅力。在茶席中发言，声音大小要适宜，对音量的控制要视茶席所在环境以及听众人数的多少而定。同时，根据不同的场景应当使用不同的语速，而速度平和适中则可以给人留下稳健的印象，也比较符合茶席作品的气质。根据内容表达的需要，还应恰当地把握自己的语调，形成有起有伏、抑扬顿挫的效果。做到语言清晰明白，不要随便省略主语，切忌词不达意，注意文言词和方言词的使用和说话的顺序，同时还要注意语句的衔接，使话语相连贯通，严丝合缝。

其次，在茶席中要使用得体的称呼，称呼客人用敬称，称呼自己用谦称。敬称有多种形式。可以从辈分上尊称对方，以对方的职业相称，以对方的职务相称等。对长辈或比较熟悉的同辈之间，可在姓氏前加"老"，而在对方姓氏后加"老"则更显尊敬，对小于自己的平辈或晚辈可在对方姓氏前加"小"以示亲切。一般年龄大、职务较高、辈分较高的人对年龄小、职务较低、身份较低的人可直接称呼其姓名，也可以不带姓，这样会显得亲切。

　　另外，要努力养成使用敬语的习惯，即表示尊敬和礼貌的词语。如日常使用的"请""谢谢""对不起"，第二人称中的"您"字等。如果与客人初次见面可说"久仰"；而很久不见则可说"久违"；如果要请客人对茶席进行指点和批评应该说"指教"；而在茶水服务中打断了客人的谈话应该说"打扰"；如果需要请客人代劳可以说"拜托"等。

■ 茶艺师董俐好"客来敬茶"

待客时应有五声，即：客来有迎声，落座有招呼声，张口致谢声，时时致歉声，客走有送声。话有三说，巧说为妙。美学家朱光潜先生曾说过："话说得好就会如实的达意，使听者感到舒适，发生美的感受，这样的话就成了艺术"。所谓达意，也就是吐字清晰，用词得当，语言准确，不含糊其辞，不夸大其词。所谓舒适，也就是声音柔和悦耳，吐字娓娓动听、抑扬顿挫，风格诙谐幽默，表情真诚，表达流畅自然。口头语辅以身体语言比如手势、眼神、面部表情等的配合，能够让人感到情真意切。

四、细节美

在茶席的布置中，对礼仪的要求渗透进了每一个细枝末节。 无论是布置茶席还是于茶席中行茶，都切忌莽撞，无论是取放或是传递什么物品，都要尽量舒缓，并使用双手。整个冲泡的动作要把握轻灵、连绵、圆合的原则。

茶席中其他手势的运用也要规范和适度。与客人交流时，手势不宜单调重复，也不能做得过多、过大，要给人一种优雅、含蓄和彬彬有礼的感觉。谈到自己的时

■ 细节美

候，不要用大拇指指自己的鼻尖，应用右手掌轻按自己的左胸，那样会显得端庄、大方、可信；谈到别人的时候，不要用手指指点他人，用手指指点他人的手势是不礼貌的，而应掌心向上，以肘关节为轴指示目标。掌心向上的手势有一种诚恳、恭敬的含义；而掌心向下则意味着不够坦率、缺乏诚意。壶嘴一般不对着客人，因为壶嘴对客为茶礼禁忌，一般用来表示请客人离开。

五、茶服美

中国茶服，广义的指与中国茶文化有关的服饰的总和；狭义的指在一定的中国茶礼仪环境中，泡茶者、伺茶者和品茶者所穿用的服饰，现今日常所指茶服多为后者。日常生活中甚至有更狭隘的认识，认为茶服只是一种茶艺服务员的职业服饰，这其实是对茶文化了解不全面的一种

■ 宋氏风格茶服　黄玉冰　设计

观念，因为茶文化下的茶服饰不仅仅在商业活动中因为氛围营造和管理需要，也在一些礼仪社交活动需要，以此表示隆重和礼节，还有一些是爱茶人的私人生活方式中喜爱的衣着形态等，以上各种类型下的服饰装扮均可以称之为茶服。2011 年，泊园品牌的创始人张卫华首先提出"茶人服"的概念。把茶人服与汉服、唐装、中山装一样上升到"国服"的地位。所以对于茶服的认识需要更为综合全面。

日常茶服装选择与搭配有一定的原则：

茶服要服务于茶。茶席动态演示的服饰，并不完全是为了体现演示者的形象美，主要还是为了体现茶席设计的主题思想及茶席物象的风格特征。

茶服搭配要完整。要求事物形态具有完整性。这就要求在进行茶席动态演示服装的选择与搭配时，必须要做整体的正面考虑。从款式结

■ 泊园茶人服

构上讲，上衣宽大，必下裳瘦长；裙、裤宽长，必上衣短小、紧束；头插花束，必脚穿绣鞋；外套是皮、必内衬是绒。从色彩上讲，上衣下裤采用统一色，是最省力的色彩配比，往往能表现色彩的完整性。

为适应茶席动态演示的需求，服饰在色彩上常稍显艳丽多姿，除大块色彩的变化之外，常以边色修饰其风格的独特性，因此，在边色修饰上，应始终注意服饰的整体原则，丝毫都不能马虎。

茶服要适合茶人体型。即根据穿着者的体型高矮、胖瘦，四肢的长短、粗细等来选择服装。从款式结构和色彩上进行相应的调整。服装穿着的作用之一，就是对体型扬长避短。首先，尽可能地对身体较理想的部位，通过服装加以扬长，使其锦上添花；然后，对不够理想的部位，加以掩盖、淡化。如臂部较大，可采用深色加长上衣，使其显瘦。腿粗者，尽量不穿中、短裙，而用长裙及宽裤加以掩饰。若穿旗袍，也尽量采用低衩长摆。总之，只要服饰的选择与搭配得好，就能使美丽之处更美丽，不理想之处也理想。

茶服要适合茶人肤色。肤色原则是指应根据穿着者的皮肤颜色来选择服装的色彩。一般说，深黄色皮肤不适应黄色、淡黄色服色，但若选择在黄色、淡黄色中间，夹衣蓝色或深红色的服色，深黄色皮肤的人穿起来也会觉得非常舒服。总之，必须根据自己的皮肤色泽，选择恰当颜色的服装。茶席动态演示所用服装，在肤色原则基础上，应掌握以下几个规则：同类色的相配，是指深浅、明暗不同的两种同一类颜色相配，如粉红配橘红，深蓝配淡蓝，咖啡配米色等。同类色配合的服装显得柔和而文雅。近似色相配，是指两个比较接近的颜色相配，如红色与橘色或紫红色相配，黄色与草绿色或橙黄色相配等。强烈色相配，是指两个相对颜色的配合，如红与绿、青与橙、黑与白等。补色相配能形成鲜明的对比，常常会收到较好的效果。

茶服的配饰要和谐。配饰有着自身的配用规律。具体体现在：不以流行为标志，应选择自己中意的心情小品，在自我欣赏中，悄悄闪烁着一种诱人的光彩；不易贵重为炫耀，可把目光停留在身边的平凡物品上，即便一颗糙石，一截枝丫，稍经打磨，穿以线绳，也颇有美感；不以物大为佳，几粒小小的红豆，金丝以穿，颈上腕上，都是垂挂的好地方。配饰对于服装，犹如船山的帆，屋里的灯，两者密不可分。尤其对于女人，

■ 大型茶文化舞台剧《中国茶谣》的茶服设计手稿　作者　黄玉冰

用不用配饰，配饰的恰当与否，反映了品位的高低。

　　除了日常的茶服以外，还有一类茶服要更加适合茶文化舞台艺术呈现的需要，浙江农林大学服装设计专业的黄玉冰教授、闫晶副教授曾与茶文化学院共同为《中国茶谣》《儒家茶礼》《茶艺红楼梦》《六羡歌》《千年惠明　百年金奖》等茶文化艺术呈现作品设计了大量精美的茶服。

　　在组成茶席的几大要素之中，要有人本身，人的服装、面貌、姿态、气质都直接进入审美，成为茶席不可分割的一部分。比如南昌大学大学生茶艺队的作品《浔阳遗韵》正是鲜活的证明。

　　作品有感于陈逸飞的传世名画《浔阳遗韵》而创作。此画的意境又出白居易《琵琶行》。茶席中，六位婉约、美丽的女子，十二件青花素瓷茶具，勾勒出一幅回味悠长的画卷。

■ 南昌大学《浔阳遗韵》

三位女子围桌而坐，既是侍茶之人，又成一道风景。右侧另有三位女子，那就是塑造画面，纯为审美了。一正两侧，右侧正面者手执素绸牡丹团扇，面容清秀，目光恬静，略带忧疑，凝视左侧吹弹者，想必随着乐声陶醉在深深回忆之中。左侧居前者手执长箫，低眉吹奏；居后者，手抱琵琶，轻抹慢挑，目光与右侧女子相应。三人身着旗袍，右侧为花青色，左前者为绛紫色，左后者为明黄色，袍面花纹繁复，不能详尽。这茶席略带伤感，给人遐想无尽。白乐天《琵琶行》中诗句的意境呼之欲出："低眉信手续续弹，说尽心中无限事……同是天涯沦落人，相逢何必曾相识。"。

■ 由王旭烽编剧、总导演，潘城执行导演的茶文化话剧《六羡歌》海报上原创设计的唐代茶服

■ 《千年惠明·百年金奖》茶艺呈现上的茶席与茶服
作者：潘城、包小慧　茶服设计：闫晶、汤慧

第五章
茶席的设计语言

拂石安茶器，移床选树阴。

——唐·朱庆馀《凤翔西池与贾岛纳凉》

西莫恩在《论艺术活动》中的基本观点认为，用艺术的方式把握生活的能力，并不是少数几个天才艺术家特有的，而是属于每一个心智健全的人，因为大自然给每一个健全的人都赋予了一双眼睛。以往，我们更多地从茶席的实用功能出发来完成设计，本章是通过阿恩海姆《艺术与视知觉》研究中的一些角度对茶席的设计语言加以分析。

什么是设计呢？设计是艺术加科学，设计是美学加实用。茶席千变万化，既平面又立体，色彩搭配丰富多样。了解平面构成、色彩构成、立体构成这三大构成对茶席设计很有帮助。此外，茶席设计究竟与哪些设计门类相互交叉重叠呢？

第一节　茶席的平面构成

所谓构成，是一种造型概念，也是现代造型设计用语。其含义就是将不同的形态、材料重新组合成为一个新的单元，并赋予视觉化的、力学的概念。平面构成的要素是点、线、面的构成形式，当然还有图形与肌理。通过点线面这三种基本要素，可变化出五花八门的构成形式。

点　是视觉元素中最小的单位。点是相对的，它是与周围的关系相比较而存在的。如在一个千人百席的大茶会上，一个茶席就是一个点；

而在一方茶席上，一把茶壶或一个茶杯就是一个点。

点的形态是相对的，可分为几何形态与自然形态。在几何形态中，有方、圆、三角等形态。不同的形态在视觉上反映不同的特征与个性，如圆点给人以饱和、圆满的印象；方点使人感到坚实、安定、稳重；而三角常常使人产生一种尖锐感，与圆、方相比，它带有一定的方向性。而自然形态的点则是千变万化的。

点有自己的特征与情感，点的大小、疏密、方向等不同的组合能展示出不同的节奏与韵律。

线　线是点移动的轨迹。线有长度、方向和形状。可以分直线和曲线，虚线与实线。直线使人联想到安静、秩序、坚硬、平和、单纯，曲线让人感到自由、随意、流畅、优雅。中国的绘画、书法都是线条艺术的极致。

线与线之间又构成了各种关系，如平行、交接、分割、组合、密集、空间等。茶席的功能分区，往往就是通过这些无形的线分割的。

面　面是线移动轨迹的结果，有长度和宽度。面的特征是充实、稳重、整体。分为几何形态的面与自然形态的面。面积的大小、分布、空间关系在图形中起着举足轻重的作用，几乎在大部分情况下，面积的问题都左右着画面的效果。

这里要特别指出，一个常规的茶席，其长宽之间的比例要成"黄金分割比"（约等于 0.618 : 1）是最理想的。黄金比也同样适用于茶席内部的器物布局中。

【案例赏析】　此茶席是专为亲子嘉年华的100个亲子家庭设计。茶席富有天真童趣，席面的色彩选择了较为明亮的TIFFANY蓝和雅致端庄的灰，最上层用鲜花包装材料纸的雪点网纱，营造一种浪漫的气息，TIFFANY蓝代表海洋、雅致端庄的灰代表海内的岩石、雪点网纱是海洋中的浪花。

席面的壶承选用的是异形木桩和圆形花器，异形木桩形似海洋中缓缓游戏的章鱼，圆形花器中投放了鲜活的金鱼、小石头和小树叶，分别代表着海洋生物、暗礁和水草。壶承中的金鱼给茶席注入了鲜活灵动的能量。

■《海洋奇缘》 张静 作品

席面茶器使用的色彩较为绚烂，嫩黄盖碗、粉红盖碗，透明玻璃器，这些颜色都和萌童们一样可爱、纯净。公道杯选用的是锤纹公道，仿佛是海洋中生动的气泡，席面上还布置了浪漫气息浓郁的洒金白色蜡台，若干贝壳和海螺及花朵花瓣，让家长和小朋友在路过此席面时都赞叹不已。

茶是天地的灵物，结合童趣满满的奇妙海洋茶席，传感连接父母与孩子之间这种全世界最奇妙情感，就是一种奇缘。茶品选择平阴玫瑰花、黄山冬菊以及2016年白牡丹。

图形与肌理　对于一个图形来说，有两个方面的因素十分重要，一个是图形本身的形态，即图形点、线、面的成形关系与状况；另一个是图形的肌理效果，或者说是材料、质地对图形的反映与体现。在茶席上，这种肌理效果就表现在所选用的铺垫、器物的材质上。

在设计中，图形与肌理是可以分别对待的，但对于茶席设计而言，图形与肌理却必须结合在一起思考。

在此选取几种在茶席设计中运用比较多的构图形式。

■ 注重图案造型的韩国茶席

平衡

在茶席中我们应尽量让器物的构图保持一种内在的平衡。对于一件平衡的构图来说，其形状、方向、位置诸要素之间的关系，都达到了最合理的程度，以至于不允许这些要素有任何些微的改变。即使是基础茶艺训练中的紫砂茶席，在收具的状态时，所有器物在视觉上都表现出高度的平衡状态。

凡是那些不平衡的构图，看上去往往是偶然的和短暂的，因而也是病弱的；它的所有组成成分都显示出一种极力想改变自己所处的位置或形状，以便达到一种更加适合于整体结构状态的趋势。当然，平衡绝不等于对称，所有看似不平衡的状态都必须通过平衡去体现。

整个宇宙都在向一种平衡状态发展，在这种最终的平衡状态中，一切不对称的分布状态都将消失。由此推论，世间一切物理活动都可以被看做是趋于平衡的活动。每一个心理活动领域都趋向于一种最简单、最平衡和最规则的组织状态。不仅茶席艺术在视觉规律上追求平衡，喝茶这种活动本身作用于人的身心也是为了达到一种高级的平衡。

■ 注重平衡的茶席《融》　作者：王亚萍

重力

重力是由构图的位置决定的。在一席茶席中，当其中各个组成成分位于整个构图的中心部位，或位于中心的垂直轴线上时，它们所具有的结构重力就小于当它们远离主轴线时所具有的重力。

"孤立独处"也能够影响重力，太阳和月亮就为孤立地挂在空旷的天空中而使自己的重力比那些与它们同样大小但周围又环绕着其他一些成分的物体显得大一些，众所周知，在舞台表演中，孤立独处被当作是突出某个人物的手段之一。因此，要在茶席中突显出主体茶器的主角地位，也可以运用"孤立独处"的原则来造成主体器物的视觉重力。

形状和方向似乎也能影响重力。凡是较为规则的形状，其重力就比那些相对不规则形状的重力大一些。这一点可以指导我们在茶具器形的选择上，除了满足茶性与口感的要求之外，不要忽略了视觉的方面。另外，物体向中心聚集的程度也能产生重力。

■ 素业茶院设计茶席　龙井碗泡分茶茶席

倾斜产生的动感

倾斜势必会使视知觉产生渐强或渐弱的改变。被倾斜放置的茶器，会显示出一种内在的张力，其方向是朝向正面，或与正面相违背。一个处于倾斜方向的茶器，与一个平行于正面的静止物体不同，它总是充满着潜在的力量。我们不妨可以利用茶器各种方位的倾斜来完成一组别出心裁的茶席作品。

■ 上海"沫薬"设计的茶席

左与右

人的视知觉的习惯，在观赏一幅画或一个茶席的时候总是习惯从左向右依次扫描过去。因此，茶席艺术家在设计茶席时不仅要从自己作为一个茶艺师的角度考虑茶席的美感，还要经常反过来站到茶席的另一边，以一位观赏者、茶客的视角和心态来加以观察和调整。

【案例赏析】《太极韵》 作者：茶文化学院092级学生吴家真 韩国留学生：李圣雄

此茶席的创意缘于太极文化，是中韩两国的学生对于茶道茶礼的认知与看法，以及对于道家与茶的跨地域文化属性探索。太极生两仪，一中一韩、一男一女、一阴一阳，借着茶这种灵物进入玄妙的境界。

茶席的铺垫与坐席融为一体，呈现为一幅太极图，阴阳鱼眼分别摆放两套茶具，茶具图纹略有不同，但规制相同。运用桃花的意象源于桃花的隐逸与仙风，桃枝用做茶针，与桃花图案组成一枝。主体茶具为象征天、地、人的盖碗及公道。太极生两仪，两仪生四象，四象生八卦，阴阳两部分共八只品茗杯代表八卦。道生一，一生二，二生三，三生万物。万物源于一，终归于一，所以八只品茗杯的水最后入太极图中心的同一只水盂中。茶品为广西六堡茶，性温，安神理气，与养生契合。

　　人法地，地法天，天法道，道法自然。在自然中，人与物都要有和谐的状态。因此，茶具摆放有内有外，有主有次，各各相合，茶成！

第二节　茶席的色彩构成

严格来说，一切视觉表象都是由色彩和亮度产生的。马蒂斯曾经说过："如果线条是诉诸于心灵的，色彩是诉诸于感觉的，那你就应该先画线条，等到心灵得到磨炼之后，才能把色彩引向一条合乎理性的道路。"这句话对茶席艺术的创作步骤是一种有益的启发，当我们在视觉上解决了平面构成的问题以后，就可以考虑茶席上的配色问题了。

色彩构成是涉及光与色的科学，有其自身的原理。了解色彩，我们首先可以运用色相环与色立体。色相环是色彩的表示系统，有十二色相、二十四色相或更多的色彩关系。这是以一种环形的方式来表示色与色之间的相接、相邻、对比、互补等关系；另一类表示系统是色立体，以三维的方式展示出各种色彩色相、明度、纯度之间的关系。这两种方式都能帮助我们有效的认识色彩与色彩之间的关系。

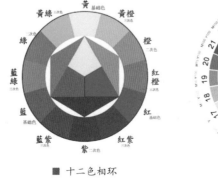

■ 十二色相环

■ 二十四色相环

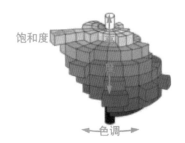

■ 孟塞尔色立体

色相环中的三原色是红、黄、蓝，彼此势均力敌，在环中形成一个等边三角形。二次色是橙、紫、绿，处在三原色之间，形成另一个等边三角形。红橙、黄橙、黄绿、蓝绿、蓝紫和红紫六色为三次色。三次色是由原色和二次色混合而成。

在色相环中每一个颜色对面（180°对角）的颜色，称为"对比色（互补色）"。把对比色放在一起，会给人强烈的视觉冲击，但究竟是排斥还是吸引要看具体情况。若混合在一起，会调出浑浊的颜色对比色的弱化效果。如：红与绿，蓝与橙，黄与紫互为对比色。这几组色彩在茶席中就要比较慎重的对待。

色彩的功能是指色彩对眼睛及心理的作用，具体一点说，包括眼睛对它们的明度、色相、纯度、对比刺激作用，和心理留下的影响、象征意义及感情影响。

色相 即色彩的"相貌"，如大红、柠檬黄、翠绿等。在色环上我们可以明确地分辨出各种不同的色彩和它们之间的相互关系，比如同类色、邻近色、对比色、互补色等。

明度 是指色彩的明暗关系，色彩越浅，明度越高，反之则明度降低。一种色彩在加白加黑或加灰的情况下的变化就是明度关系的变化。

纯度　也称为艳度，是指色彩的鲜艳程度，是色彩的"纯洁"关系。鲜艳程度又取决于每个色彩的相混程度的多少。纯度分为高纯度、中纯度、低纯度。高纯度的色彩对比关系往往体现鲜艳、饱和、强烈、个性鲜明的特征；中纯度的色彩对比关系则显得相对稳重、调和、厚重；低纯度的色彩对比关系常常沉闷、乏味，但也含蓄、神秘。

色彩的情感

色彩能够表现感情，这是一个无可辩驳的事实。大部分人都认为色彩的情感表现是靠人的联想而得到的。根据这一联想说，红色之所以具有刺激性，那是因为它能使人联想到火焰、流血和革命；绿色的表现性则来自于它所唤起的对大自然的清新感觉；蓝色的表现性来自于它使人想到水的冰凉。

■ 寒冷视觉调性的茶席　　　　　　■ 华丽的黄金色茶席　张雨丝　作品

■ 温暖视觉调性的茶席　观芷　孔燕婷　作品

　　某些实验曾经证实了肉体对色彩的反应，例如弗艾雷就在实验中发现，在彩色灯光的照射下，肌肉的弹力能够加大，血液循环能够加快，其增加的程度，以蓝色为最小，并依次按照绿色、黄色、桔黄色、红色的排列顺序逐渐增大。这些都有助于我们了解，创作茶席作品时的色彩是为了让喝茶的人更平静还是更激动。选择怎样的色彩，使色彩的表现力、视觉作用及心理影响最充分地发挥出来，给人的眼睛与心灵以充分的愉快、刺激和美的享受。对于茶席来说，我们更多关注的是各种色彩的调性，也可以说是色彩的文化。

　　但是，研究茶席艺术的色彩，不可一味的致力于研究与各种不同色彩相对应的不同情调，和概括它们在各种不同的文化环境中的不同象征意义。因为，色彩的表现作用太直接、自发性太强，以至于不可能把它归结为理性认识的产物。

色彩的组合

　　在茶席的色彩构成问题上，除了重视色彩的情感、调性以外还要学会色面积的配比。色彩世界丰富多彩，即使掌握了色彩的调性还要注重色彩面积的分布关系。特别在茶席铺垫的运用中往往要学会进行色彩分割、重组，经营好几种颜色的面积大小。

第三节　茶席的立体构成

茶席以实体占有空间、限定空间，并与空间一同构成新的环境、新的视觉产物。既然共属于"空间艺术"，那么无论各自的表现形式如何，它们必有共通的规律可循。

体积是三维形态最基本的体现形式，它由长度、宽度与高度三个要素组成。一个茶席是由点、线、面、体构成，它们的形态是相对的，它们之间的结合可以生成无穷无尽的新形态。所谓形态结构，即是指形体各部分之间衔接、组合关系。

立体是有性格的，直线系立体具有直线的性格，如刚直、强硬、明朗、爽快，具有男子气概；曲线系立体具有曲线的性格，如柔和、秀丽、变化丰富，含蓄和活泼兼而有之；中间系立体的性格介于直线系立体和曲线立体之间，表现出的性格特点更丰富，更耐人寻味。

立体的构成及其特点

无框架

这里所说的框架是指造型的外框界限，如一幅画的边框、一件浮雕的外缘，一件工艺品的玻璃罩等。立体造型是没有框架限制的，所以立体的构成也不必考虑受任何框架的限制，在空间中根据设计意图的需要和环境的允许情况，可任意舒展，无拘无束。

茶席往往是在一定尺寸面积中的设计，但是这里所说的"无框架"

是观念上的，并不是实指。例如这一席《青花世家》，整个茶席布置成了一个传统的中国式厅堂，空间虽然还是有限的，但给人一种宏大的视觉效果，仿佛这个空间前后左右还可以不断延伸。

这种无框架的特点在茶席的要素中，尤其以插花体现的最多。

■ 寸村茶席作品《青花世家》

力感

这里所谓的力，与自然科学中所论及的力学有所不同，这是人们的心理所产生的感受。因为人们生活在自然之力、人为之力所支配的环境中，所以有关力的心理作用，是自然形成的。只要立体的造型摆在面前，人们肯定会因它们的体积大小不一、形状变化各异而产生很沉重、很坚固；或是很轻、有速度感；或是紧张（内在的力）、萌动欲发，或是松弛、懒散等感受。就是说，立体的量和形，肯定会给人以心理上的力感，而这种力感，是二次元空间所不能全然表现得了的。

■ 2016 全国茶艺大赛中的茶席作品，这是一个明显的立体构成茶席，运用了力感的体现。

光影的运用

光线，是揭示生活的因素之一，是人和一切昼行动物大部分生命活动赖以进行的条件，又是推动生命活动的另一种力量"热量"的视觉对应物。艺术家关于光线的概念应该是由眼睛直接提供的，它与科学家对光线的物理解释有着本质的不同。光线与色彩简直是一对孪生兄弟，研究色彩是不能不谈光线的。

在茶席艺术中，光线所能产生的空间效果是绝对不容忽视的要点。

当我们知觉到阴影时，就意味着我们已经把视觉对象的样式分离成了两层。阴影放置在稍微不同的环境中，就可以变成对立体和深度知觉的决定性因素。黑暗在人的眼睛里并不是光明的缺席，而确确实实是一种独立存在的实体。也就是说，茶席上的阴影也是一种物质，一件茶器的投影在视觉中是一件新的茶器。

■ 真正能把光线那感人的象征作用发挥出来的，还是伦勃朗的画

■ 光线往往在宗教艺术中起到重要的象征作用。杭州灵隐寺在夜晚举行的"云林茶会"茶席

【案例赏析】《聊斋·三生》 作者：浙江农林大学茶文化学院
陈雨琪　金瑞蕾　黄梦晴　王晓晓　陈梓辉

2017年末，茶文化15级学生集体以《聊斋》为大主题创作了一系列创意性的茶席艺术呈现。选择其中的《三生》一席赏析。

《三生》茶席的创意灵感来自于对地狱环境的营造和对刘孝廉人生的诠释。将茶桌形状定为弧形，是奈何桥的物化，也象征着人生的生命曲线，从起点开始，有高潮有起伏，最后归于平静，还原到了最初的模样。茶桌前摆放串灯，营造出了地狱之火的感觉。茶桌前搭配参差不齐的彼岸花。底铺为黑色茶席布，营造庄严肃穆的氛围，搭配一层黄色褶皱纸，一层红色褶皱纸。最上方的红色褶皱纸从最初的卷曲到结尾时的放下舒展，象征着刘孝廉历经三生之后放下生前的贪念，重做好人。由于使用了三种不同的茶品，所以采用了三只适合冲泡这三种茶品的曼生壶，搭配白瓷壶承，更加突出主泡器；茶杯选择玻璃杯，能够让观众们更清楚地看到茶汤颜色的变化。赏茶荷是用琉璃纸手工折成，与另一边的琉璃纸皮影形成呼应。《三生》开场音乐选配黄霑为电影《倩女幽魂》创作的《阴间》。表演时的背景音乐选用的是网游《问道》的配乐《幽冥涧》。

茶品选择：

一生马：熟普，取茶马古道的联系。

二生犬：黑枸杞，"狗"与"枸"同音。

三生蛇：熟普加黑枸杞，形成黑色的视觉冲击。

刘孝廉：泥土泡的浑浊的茶。

阎王：开化龙顶，清澈的茶。

将躯体作为表现媒介

如果把茶席看成是一个三维的空间，那么茶艺师在茶席上进行茶道的躯体运动就是第"四维"。也即是在三维茶席空间中加入了时间与运动的因素。

■ 《月之湖》 日本 寺山芽生 作品

　　其实每一个茶席都是"四维"的，因为茶席随着整个冲泡的过程、器物的摆放是在不断运动变化的。

　　茶席《月之湖》是一席典型的动态茶席，将茶席与花样滑冰和西洋音乐交融一体。月圆花好时，一轮银盘投射于夜幕笼罩下的湖面。一叶扁舟摇曳于粼粼波光之中，逐渐接近湖心似真似幻的月影，最终逾越真实与虚幻的境界，抵达月之世界。茶席所表现的，即是如此略带故事性的意象。

　　还要特别强调茶艺师的躯体运动之美。以舞蹈为例，舞蹈演员作为一个人，当然具有自己特定的感情、愿望和目的。然而一旦他被作为一个艺术媒介使用时，除了被观众看到的部分之外，就不再包含别的。茶艺师也是如此，在行茶或茶艺呈现的过程中，茶艺师的身体就成为了茶席艺术的媒介之一。这样一来，真实的人体动作所具有的那些为人们所熟知的性质和机能，就成了整个可见式样的总特征的组成部分。

　　法国舞蹈教师代尔萨尔特主张，"作为表现媒介的人体，可以分成三个：头部和颈部作为精神区域，躯干为精神——情感区域，臀部和腹部为物质区域。此外，胳膊和腿是人体探测外部世界的接触器——附着于躯干的手臂有一种精神——情感特征，而附着于下半身躯干的腿又具有一种物质特征。"这一理论，也足以被茶艺师借鉴。

第四节　茶席与各种设计艺术的关联

要成为一位优秀的茶席设计师，或者茶席艺术家，除了对茶叶、茶具等茶文化知识有深入学习之外，必须在设计艺术的领域加以拓展。以下介绍几种与茶席艺术发生着密切关系的艺术设计门类。

一、装置艺术

装置艺术是一种继传统雕塑艺术形式后兴起于 20 世纪 70 年代的西方当代艺术形式。它混搭了各种媒介、材质和手法，在特定的环境空间中创造表达艺术家心灵感悟的作品。装置艺术开始于较早期的马塞尔·杜尚等艺术家，他们使用现有物品组合开创作品，而非传统意义上用材料原始形态通过手工技艺来雕塑作品。由于装置艺术带有 20 世纪 60 年代

■ 李当岐茶道境界作品《寻根》

■ 石振宇茶道境界作品

■ 林学明茶道境界作品

观念艺术的色彩，所以大多数装置艺术都表现了艺术家强烈的思想张力和空间理念。茶席艺术本身符合了装置艺术的精神，因此越来越具有装置艺术的倾向。

二、行为艺术

行为艺术，是20世纪50～60年代兴起于欧洲的现代艺术形态之一。它是指艺术家把现实本身作为艺术创造的媒介，并以一定的时间延续。行为艺术必须包含时间、地点、行为艺术者的身体，以及与观众的交流这四项基本元素，除此之外不受任何其他限制。行为艺术的鼻祖是法国著名艺术家伊夫·克莱因（1928—1962）。其代表作品是1961年他张开双臂从高楼自由落体而下的《自由坠落》。

我们可以把完成茶席的过程，或者行茶的过程作为行为艺术来看待，或许是茶席艺术的一个新的方向。

【案例赏析】《春之声》　作者：茶文化学院092级学生魏子千

西洋音乐元素融入茶席是此席的亮点。作者将西洋音乐，约翰·施特劳斯的圆舞曲《春之声》那种轻快的、富有动感与节奏的美好旋律与绿茶的玻璃杯冲泡达成了艺术上的"通感"。虽然整个茶席异常简约，只是纯黑铺垫上排列了高低各异的八个玻璃茶杯。但我们通感茶杯清澈透明的质感，以及高低错落的布局，已经能从视觉上感受到音乐的节奏。茶品选用了细嫩的碧螺春，运用上投法，配合各玻璃杯中不同的水位，将茶品本身的美感表现得十分壮观。正如哲学家罗素所说，这个世界正因错落有致而美。

更难得的是，作者经过反复试验，根据八个玻璃杯不同的体积，以及其中的水位与投茶量，能够组成一部完整的音阶，并通过茶匙的轻轻击打演奏出如《春之声》般美妙灵动的茶音乐。

三、观念艺术

观念艺术，是兴起于 20 世纪 60 年代中期的西方美术流派。摒弃艺术实体的创作，采用直接传达观念，使用实物、照片、语言等方法，把一些生活场面，在观众的心灵和精神中突现出来。观念艺术的美学追求主要表现在两个方面：其一记录艺术形象由构思转化成因式的过程，让观众把握艺术家的思维轨迹；其二通过声、像或实物强迫观众改变欣赏习惯，参与艺术创作活动。语言是观念的物质媒介。观念艺术最初的表现样式与语言密切相关，它被陈述，同时可以无数次的重复。后来观念艺术家从杜尚展出小便池制成品《泉》得到启发，观念艺术表现手段开始多样化，只要创造者主观上认为是艺术的东西，都可作艺术品陈列出来。茶席艺术同样是表达茶人观念的最有效途径。

马来西亚的许玉莲女士提倡在茶席行茶的整个过程中，保持彻底的沉默，只以眼神交流，即有观念艺术的倾向。

四、图案与装饰设计

图案与装饰设计属于审美范畴之实用艺术。图案是指装饰性的纹样，以二维图案进行有用的、有计划的安排完成设计，是将美学元素实用化的过程。在茶席设计中要注重装饰的三个功能：审美功能，装饰是人类以审美和艺术的方式表现自然、表现人类自身、表现时代风尚的一种手段；表意功能，装饰原始的目的是将图腾描绘在日常器物上或纹在身上，之后在每一个社会发展的阶段装饰都在表达统治阶级或民间的各种诉求，这就是装饰的表意功能；符号功能，不同装饰形式代表了不同地域文化，传递了装饰对象的特征与信息，扮演着符号识别的功能。

五、室内设计

室内设计是根据空间环境的特点、功能需求、审美要求，特别是针对使用者的特点进行有针对性的设计。利用空间可移动元素塑造和谐、舒适、高品质艺术氛围、高品位理想环境，给人以美的熏陶。简单说，就是对室内可移动物品进行配搭，从而塑造室内空间的个性。茶席设计常常是室内设计的一部分。

六、陈设设计

陈设设计是一个新兴的设计领域，茶席设计有时可以看做是以茶为主题的陈设设计。陈设设计对于烘托空间气氛、品位、格调、意境等起到了极大的作用，成为居家设计不可或缺的重要环节。

七、产品设计

工业设计将实用和美观结合起来，满足了人类生理与心理双方面的需求。产品设计是工业设计的核心，是科技与艺术的结合。从生产方式的角度来看，产品设计可以划分为手工艺设计和工业设计两大类。前者是以手工制作为主的设计，茶器的制作大多属于这一类；后者是以机器化批量生产为前提的设计。

八、建筑设计

茶的建筑与茶席艺术息息相关。建筑是人们用土、石、竹、木、钢、玻璃、芦苇、塑料、冰块等一切可以利用的材料建造的构筑物。建筑本身不是目的，建筑的目的既注重人可以活动的空间——建筑物内部的空间或建筑物之间围合而成的空间；也注重获得建筑形象——建筑物的外部形象或建筑物的内部形象。建筑设计是实用性和艺术性的结合：它的实用性被材料、技术、功能所制约；它的艺术性反映了时代、民族、设计师的风格。经典的茶建筑如：各类茶馆，日本的茶室，中国明代绘画中大量出现的茶寮等。

九、景观设计

景观设计又称"景观建筑""风景园林"，是关于土地的分析、规划、设计、改造、管理、保护和恢复的科学和艺术，是一门建立在广泛的自然科学和人文艺术基础上的应用科学。具体地说，景观设计就是通过对土地及土地上的物体（水、植物、铺装、建筑、小品等）和空间进行合理科学的安排，来创造安全、高效、健康、舒适和美丽生活工作环境的设计艺术。景观艺术涉及的领域很广，其中与茶席艺术尤为相关的就是园林艺术。

十、展陈设计

展陈设计是一门集文化学、美学、设计学、图书馆学、博物馆学、传播学和经济学于一身的综合艺术，往往是一项文化创造工程。当今，

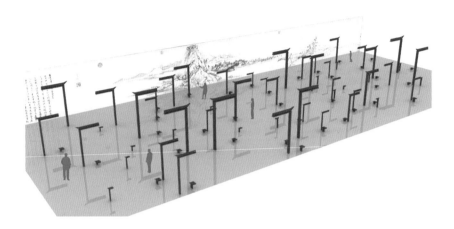

■ 茶文化展会设计方案图　宋明冬　作品

以茶为主题的博物馆、展示馆越来越多，特别是各地的茶博览会，都要求展陈设计的运用。而这样的茶展陈设计又往往是以茶席设计为核心展开的。

十一、服饰与配饰设计

服饰是指用于装饰人体的物品的总称。人类服饰的发展历程，也是人类文明的发展历程，它是时代的产物，具有时代文化的特点。服饰文化是服装、饰物、穿着方式、装扮，包括发型、化妆在内的多种因素的有机整体。茶人是茶席艺术的要素之一，而茶服设计也成为当下茶文化研究的一个崭新领域。

十二、工艺美术

工艺美术是造型艺术之一，它是一种集装饰、绘画、雕塑为一体的综合艺术。工艺美术既是物质产品又是精神产品。作为物质产品，它反映着一个时代、一个社会的物质、文化和生活水平；作为精神产品，它的造型、色彩、装饰又体现了一个时代的审美观。实用与审美相统一是工艺美术的本质特征。工艺美术品几乎成为茶席艺术不可或缺的元素。

十三、光艺术与水艺术

光艺术是通过光的折射、反射呈现的视觉表现艺术。人们根据水的特性，如流动性、任意性以及水的固气液三态变化的特点，使用自然或人造道具，将水的流动和三态变化控制在主观设定的范围内，并广泛运用声光电科技配合水，形成独特的水艺术。光艺术与水艺术也被不同程度的运用于茶席艺术之中。

十四、数字媒体设计

　　数字媒体设计是一门年轻的设计形式。除了早期的探索外，它的社会影响力真正开始于 20 世纪 90 年代中期，随着计算机技术、网络技术和数字通信技术的高速发展与融合，构成了数字媒体设计。数字媒体设计的表现形式、创作过程必须全部或者部分使用数字科技手段，综合了从平面到三维、从界面到内容的多方面知识和技能。数字媒体设计是目前设计领域中最具有生命力和发展潜力的部分。它具有互动性、可复制性、综合性的特征。在茶席艺术中，多媒体的背景往往要运用数字媒体设计。此外，我们也曾通过数字媒体技术完成了虚拟空间的茶席设计。

第六章
茶席的主题及表现

合座半瓯轻泛绿，开缄数片浅含黄。

——唐·郑谷《峡中尝茶》

上一章谈到茶席艺术与视知觉方面的内容，但一切艺术品包括茶席，其视知觉式样并不是任意的，它并不仅仅是一种由形状和色彩组成的纯形式，而是某一观念的准确表现者。作品所选择的题材同样也不是任意的和无足轻重的，它在作品中与形式式样相互依赖和相互配合，为抽象主题提供一个具体显现的机会。

纯粹的形式，不是一件茶席艺术品的最终内容。所有的艺术都是象征的。如果艺术创作的目的仅仅在于运用直接的或类比的方式把自然再现出来，或是仅仅在于愉悦人的感官，那么它也不可能在人类社会中占据如此显赫地位。

在一件茶席艺术品中，每一个组成部分都是为表现主题思想服务的，因为存在的本质最终是由主题表现出来的。因此，"主题"与"表现"就成为了茶席艺术的两个关键词。

第一节　茶席的主题

茶席的主题，特别是茶席主题的深度，往往是茶席作为一门艺术的标志。茶席往往以茶品为题材，以茶事为题材，以茶人为题材，有的也可以一首诗或一幅画为题，甚至是某种感觉。茶席既然是艺术的一种，而艺术可以表现的主题自然是包罗万象的。只是不同的艺术手段发挥的长处不尽相同，比如杂文、戏剧或者当代艺术往往适合于批判、讽刺、揭露，而茶席艺术的主题多与茶性的平和清净保持内在节奏的一致，正如《大观茶论》总结出茶文化的审美是"致清导和"。因此茶席艺术的主题总体上是表现真、善、美的，是慰藉心灵的，最多是提醒人们反思。

【案例赏析】《爱情西湖》 作者：潘城　茶器设计：寸村

《爱情西湖》是作家王旭烽的同名小说，茶席以这个文学作品的内涵为灵感，围绕着杭州的龙井茶展开设计。所用茶品正是明前西湖龙井，青瓷系列的茶具也是专为冲泡龙井茶所设计。

　　有人说，西湖就是一杯茶，西湖十景则是摇曳其中的片片茶叶。此茶席将这一比喻设计其中，玉般的青瓷，配以上好的明前龙井。茶席上两组茶具在瓷板上的排列犹如西子湖上浅浅的两抹长堤，一如白居易的唐诗，一如苏东坡的宋词。再看那瘦长瓷板上所描绘的正是"疏影横斜"的梅花，那象征孤山上林处士的梅妻鹤子。赏茶盒下的是白娘子与许仙相会的断桥。低低的花插中一枝折柳，点出了柳浪闻莺中的耳鬓厮磨。每件茶器的荷叶边有似满池的曲院风荷。三只品茗杯底各生一圆钮，暗合了三潭印月。那茶盘中描绘的才子佳人虽不知姓名，逃不过《西湖佳话》之类上演的爱情故事。西湖的茶与爱情品了几千年，依然缠绵。

　　以我所执教的茶文化学院十年来所设计的较为经典的茶席茶艺呈现为例，有表达中国文化哲学信仰层面的《儒家茶礼》《佛家茶礼》《道家茶礼》，有以经典文学作品为主题的《茶艺红楼梦》《南方有嘉木》，有以文化事项为主题的《中国茶谣》《竹茶会》《当昆剧遇见茶》，有以年节时序为主题的《二十四节气茶席》，有以国家为主题的《G20国际茶席》，有以茶品自身为主题的《西湖双绝》，以茶人为主题的《六羡歌》，以茶事为主题的《陌上花开》。

　　艺术的主题是自由而丰富的，但制定主题的原则倒可以总结：

　　真诚，通过茶席表达发自内心的情感。

　　清净，布置干净清洁的茶席。

　　美好，布置优美协调的茶席。

　　自由，茶席的布置与运用要灵活自如。

　　品位，通过茶席体现茶人的格调与品位。

【案例分析】《东篱风韵》 作者：茶文化学院 091 级　朱冬

　　茶席的创意源自陶渊明在《饮酒》诗中的两句"采菊东篱下，悠然见南山"。这首诗表现了陶渊明隐居生活的情趣，于劳动之余，饮酒致醉之后，在晚霞的辉映之下，在山岚的笼罩中，采菊东篱，遥望南山。自然率真的情怀与茶的意境十分贴切，对今天的我们也不无启发，在现代化喧闹的尘世之中，我们已经不可能像陶渊明时代那样隐居山林，但是依然可以借助茶来修炼内心，净化思想，坚守内心的安静与闲适。作者用茶席向先贤致敬，克服浮躁的情绪，宁静致远。用茶席表现东篱下的风韵，以茶养心，坚守心中的圣地。

　　茶品选择白茶"玉蝴蝶"。葫芦铁壶寓意"福禄吉祥""健康长寿"，守得住内心的宁静，可以达到养生的目的。陶碗一只，象征一个人独守清苦，安贫乐道，独与天地精神往来。竹垫、藤编茶入，体现了自然、朴素、生态和谐的理念。所配茶点为山楂。背景音乐选用古琴曲

《酒狂》。茶席的解说词正是对诗意茶心的解读：日夕的山气，归还的飞鸟，一边采菊，一边饮茶，早已"得意忘形"，人皆有欲，人欲无忌，人欲有异，人欲无边，而人欲有限。唯知足常乐。"采菊东篱下"为一俯，"悠然见南山"为一仰，俯仰之间参悟人生。

【案例赏析】《当昆曲遇见茶》 作者：潘城

2011年秋茶时节，笔者为表现昆曲艺术而创作了一组茶席。

当昆曲遇见茶，上下五千年茶文化，品出婉转六百年昆曲水磨腔调，昆曲之美与茶共通。欣赏几折昆曲，品味的香茗则是昆曲故乡苏州的碧螺春。

昆曲，发源于苏州昆山，至今已有600多年历史，被称为"百戏之祖，百戏之师"。它糅合了唱念做表、舞蹈及武术的表演艺术。2001年被联合国教科文组织列为"人类口述和非物质文化遗产代表作"。

昆曲与茶，自古便有着不解之缘。"烧将玉井峰前水，来试桃溪雨后茶。"这是汤显祖《竹院烹茶》中的名句，从中可见这位"东方的莎士比亚"在成就了昆曲《牡丹亭》之余，对于茶也有特别的喜爱。

明代以汤显祖为代表的两大戏剧流派之一"玉茗堂派"，便是因剧作家汤显祖喜好喝茶而得此名。在昆曲中以茶为题材的戏《风筝误·茶园》《玉簪记·茶叙》《凤鸣记·吃茶》《水浒记·借茶》《寻亲记·茶坊》等，都为人们所熟知和喜爱。

昆曲的音乐属于"曲牌体"。它所使用的曲牌有数千种之多。曲牌是昆曲中最基本的演唱单位，昆曲的曲牌体最严谨。故而此次茶会精心选取了六个曲牌欣赏。具体介绍如下：

《牡丹亭》是明代著名戏曲家、文学家汤显祖的杰出剧作，歌颂了青年男女追求自由的爱情，是对人类美好青春永恒的赞美。

■ 《牡丹亭·游园·皂罗袍》

贫寒书生柳梦梅梦见在一座花园的梅树下立着一位佳人，说同他有姻缘之分，从此思念。南安太守之女杜丽娘，才貌端妍。她读《诗经·关雎》而伤春寻春，从花园回来后在昏昏睡梦中见一书生持半枝垂柳前来求爱，两人在牡丹亭畔幽会。杜丽娘从此愁闷消瘦，一病不起。她在弥留之际要求母亲把她葬在花园的梅树下，嘱咐丫环春香将其自画像藏在太湖石底。三年后，柳梦梅赴京应试，在太湖石下拾得杜丽娘画像，发现丽娘就是他的梦中佳人。杜丽娘魂游后园，和柳梦梅再度幽会。柳梦梅掘墓开棺，杜丽娘起死回生，这便是所谓爱的死去活来为爱情而死、为爱情而重生，故谓《还魂记》。又经历一番波折，二人终成眷属。

茶席两方黑色刺绣的锦缎正是牡丹亭最为经典的唱段"皂罗袍"的意境，上面的似锦繁花正是姹紫嫣红开遍的春色，而白色的粗陶茶器恰似禁锢丽娘春心的断井颓垣。皂罗袍的"皂"是黑色的意思，白色象征了明亮的春色，黑色象征着幽闭的青春，茶席在黑白的繁花之中表现了美丽的少女欲冲破禁锢奔向情爱自由而不得的绕指柔肠。此席冲泡的是武夷山所产的大红袍。

词曰：原来姹紫嫣红开遍，似这般都付与断井颓垣。良辰美景奈何天，便赏心乐事谁家院？朝飞暮卷，云霞翠轩；雨丝风片，烟波画船。锦屏人忒看的这韶光贱！遍青山，啼红了杜鹃，那荼蘼外烟丝醉软，那牡丹虽好，它春归怎占得先？闲凝眄，生生燕语明如剪，听呖呖莺声溜的圆。

《玉簪记》是明代戏曲家高濂的佳作，填词典雅华美。描绘青年男女冲破礼教和宗教禁欲规制，自由结合的过程，至今读来依旧动人心

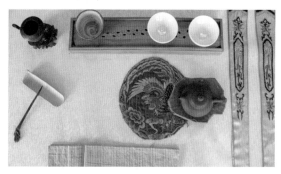

■ 《玉簪记·琴挑·朝元歌》

魄。有两句诗"此曲只应天上有，人间能得几回闻"最初讲的就是这《玉簪记》。

南宋初年，开封府丞陈家闺秀陈娇莲为避靖康之乱，随母逃难流落入金陵城外女贞观皈依佛门为尼，法名妙常。青年书生潘必正应试落第，寄寓观内。潘必正见陈妙常，惊其艳丽而生情，二人经过茶叙、琴挑、偷诗，相爱并结为连理。

《琴挑》选段是讲潘必正夜晚在女贞观中散步，恰遇陈妙常独自弹琴，两人交谈，有相见恨晚之意。于是，潘必正借琴抒发自己对陈妙常的爱慕之情，陈妙常言语间假意着恼，实则也已动了凡心。

茶席以唐代越窑青瓷残片所承之紫砂壶以及那粗陶茶盏，冠耳炉中缭绕的青烟都显得悠远、静穆而古朴，本是茶禅一味的意蕴。细论紫砂壶的形制是曼生十八式中的"合欢"，壶旁的凤鸟牡丹刺绣也意指红尘的诱惑，而右侧一对锦条象征潘必正与陈妙常二人终成眷属。所冲泡的茶品为安溪铁观音，再恰当不过了。

词曰：长清短清，哪管人离恨？云心水心，有甚闲愁闷？一度春来，一番花褪，怎生上我眉痕？云掩柴门，钟儿磬儿在枕上听。柏子座中焚，梅花帐绝尘。果然是冰清玉润，长长短短有谁评论？怕谁评论？

清代戏曲家洪昇的《长生殿》家喻户晓，取自白居易的《长恨歌》。故事描写唐玄宗宠幸贵妃杨玉环，终日游乐。后来唐玄宗又宠幸梅妃，引起杨玉环不快，最终两人和好，于七夕之夜在长生殿对着牛郎织女星密誓永不分离。安史之乱爆发，玄宗逃离长安，在马嵬坡军士哗变，强烈要求处死罪魁杨国忠和杨玉环，唐玄宗不得已让高力士用马缰将杨玉环勒死。玄宗回到长安后，日夜思念杨玉环，闻铃肠断，见月伤心，派方士去海外寻找蓬莱仙山，最终感动了天神织女，使二人在月宫中最终团圆。

■ 《长生殿·絮阁·喜迁莺》

此一折讲的是唐玄宗宠幸梅妃，杨玉环吃醋，前来兴师问罪的娇嗔
场面。

茶席所选青花茶盏绘的梅兰竹菊配着四色锦条，象征杨贵妃享尽
了世间四季的荣华，万千宠爱集于一身。而四色锦条终归于玄色刻画壶
承，虽然黑的妖艳，终预示着悲凉的结局。所冲泡的茶品是青茶中的东
方美人，正是杨贵妃迷人娇嗔的风味。

词曰：休得把虚脾来掉，嘴喳喳弄鬼装妖。焦也波焦，急得咱满心
越恼。我晓得哟，别有个人儿挂眼捎，倚着他宠势高。你明欺俺失恩人
时衰运倒，俺只待自把门敲。

《长生殿·惊变》这一折表现了唐玄宗与杨玉环二人温馨缠绵的场
面，二人世界，浅斟低唱，情话绵绵。然而他们尚不知一场导致他们生
离死别的惊变即将到来。

茶席主体茶器盖碗与公道杯皆为汝窑，中国瓷器汝窑为魁，既显
示皇家气派又有几分素雅文气，毕竟配的是文辞卓越的玄宗皇帝唱段。
如同唱词中说的是"清肴馔"，是"仙肌玉骨美人餐"。唐代的邢瓷白
碗作为水盂，也可见得几分大唐茶烟的气象。而那金线刺绣与榴花香插

旁的一尊金盏，点出了皇室的尊荣。所冲泡的茶品乃顾渚紫笋，紫笋茶是唐代贡茶，为茶圣陆羽所发现。细算起来，这出惊变发生的时候（755），我们的茶圣陆羽已经开始酝酿他的千古之作《茶经》了。

词曰：不劳恁玉纤纤高捧礼仪烦，只待借小饮对眉山。俺与恁浅斟低唱互更番，三杯两盏，谴兴消闲。回避了御厨中，回避了御厨中，烹龙包凤堆盘案，咿咿呀呀乐声催趱。只几味脆生生，只几味脆生生蔬和果清肴馔，雅称你仙肌玉骨美人餐。

■ 《长生殿·小宴（惊变）·石榴花》

《牡丹亭·寻梦》这一折是表现杜丽娘对梦中情郎相恋相思的情节，唱腔百转千回，缠绵悱恻。汤显祖在《牡丹亭》序言中道出爱情的箴言："情不知所起，一往而深。生者可以死，死可以生。生而不可与死，死而不可复生者，皆非情之至也。梦中之情，何必非真？天下岂少梦中之人耶！"

茶席中青瓷茶壶的婀娜犹如昆曲"闺门旦"的身姿，青瓷茶器最是清雅脱俗，那瓷板上与茶盏中浮现的梅花纹，正是杜丽娘"梦梅"的意境，也便是所相思的美少年柳梦梅名字的妙处。所冲泡茶品选的是西湖龙井，茶中的尤物，江南的品味。

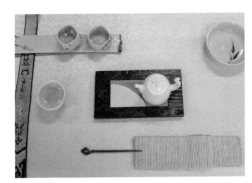

■ 《牡丹亭·寻梦·嘉庆子》

词曰：是谁家少俊来近远，敢迤逗这香闺去沁园，话到其间腼腆。他捏这眼，耐烦也天。咱歆这口待酬言，咱不是前生爱眷，又素乏平生半面。则道来生出现，乍便今生梦见。生就个书生，恰恰生生抱咱去眠。

《红梨记》乃明代徐复祚所作。描述的是北宋赵汝舟慕妓女谢素秋之名，托太守刘辅介绍。刘太守怕赵汝舟贪恋谢素秋误了科考，使素秋冒名与赵汝舟夜间会面，次日却令人告知赵，说他昨夜所见到的是女鬼，赵大惊，就逃去赴考了。后来赵汝舟中了状元，刘太守设宴让赵谢二人重逢，并说明真相，使二人成婚。剧中谢赵两次见面时，都拿着红梨花，故以此名《红梨记》。

《亭会》是《红梨记》中最著名的一折。写名妓谢素秋深慕才子赵汝舟，假托为太守之女，夜赴赵的住处，欲与之相会。赵汝舟酒后闻得女子吟诗之声，寻觅而至。遇一绝色女子立于亭边，月光之下，恍若天仙，一见倾倒。

此席是唯一的男小生风貌，一把折扇正是赵汝舟手中之物。所用青瓷茶器有月下的清冷之感，正是：夜阑人不寐，月影照梨花。那潮水纹的绣片也预示着男主角将要金榜题名的好运。瓷板上的一对缸杯也象征赵谢二人的圆满姻缘。所冲泡的茶品为月光白。

词曰：月悬明镜，好笑我贪杯酩酊。我忽听得窗外喁喁，似唤我玉人名姓。我魂飞魄惊，我魂飞魄惊，便欲私窥动静。争奈我酒魂不定，我睡梦腾，只落得细数三更，长嘘千百声。

■ 《红梨记·亭会·桂枝香》

第二节　茶席文案撰写

茶席的主题与表现往往要借助茶席文案的撰写。在茶席的创作中大家往往忽视了文案，实则这是至关重要的创作步骤。茶席文案一般包括三部分内容：

设计方案。茶席的整体设置，包括演示的程序，类似一个设计的方案和舞台剧的脚本。

台签文案。包括茶席的作者、茶品、茶器、主题。这是对茶席的基本说明文字，即使是静态的展示，观众也可以通过台签了解这个茶席的基本情况。

解说词。茶席在动态呈现的过程中往往需要文学性的解说词。解说词不仅要把内容解说清晰到位，还要注意言辞优美，富有文学性甚至是充满诗意。对外交流时要考虑解说词的翻译。

【案例赏析】《竹茶会》　作者：王旭烽　潘城

竹茶文化分析——

竹者，"不刚不柔，非草非木，小异空实，大同节目"。中国的文化从某种意义上说是靠竹子传下来的，商代已知运用竹简，《尚书》《礼记》《论语》和《老子》都是被刊刻在竹子上成为中国文明的经典。其后文明演进，用竹子造纸，《茶经》自然记载其上。

竹与茶，两种植物，都能升华为人格。中国文人爱"岁寒三友"——松、竹、梅，又爱"四君子"——梅、兰、竹、菊，竹子均并列其中。因其虚心、有气节等，被列入人格道德美的范畴，铸入了中华民族的品格、禀赋和美学精神的象征。犹如茶的"廉、美、和、敬"，俭朴而高贵，精行俭德，是为茶人，这种人格可以为"素业"。

王羲之的儿子王子猷说竹：何可一日无此君！自唐代诞生了茶圣陆羽之后，饮茶之风流遍天下，若与竹比更是"何可一日无此君"！

苏东坡爱茶，他写"欲把西湖比西子，从来佳茗似佳人"，脍炙人口。他也爱竹，于是写了"可使食无肉，不可使居无竹。无肉使人瘦，无竹令人俗"同样是口口相传。

中国文学的巅峰《红楼梦》中也是竹韵茶香。潇湘妃子林黛玉的潇湘馆，龙吟细细，凤尾森森，不是竹不能配她。而贾宝玉题潇湘馆的联恰是：宝鼎茶闲烟尚绿，幽窗棋罢指犹凉。又是缘分。

若是参禅，欲求证佛法大意，也藏在竹茶之中。"青青翠竹，无非般若；郁郁黄花，皆是法身"，要问此语何解？赵州和尚教你"吃茶去"。

日本茶道的美感，与日本古典文学之美一样透着哀伤。《竹取物语》中的美人辉夜姬就是从竹子中诞生的，最后她升天去月，留下一首和歌：身着羽衣升天去，回忆君王诚可哀。

竹茶入画，都是一流的题材。北

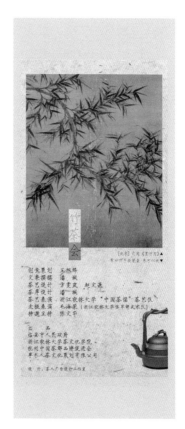

宋文同被后世人尊为墨竹绘画的鼻祖；元代的柯九思、高克恭、倪瓒，明代的王绂、夏昶、徐渭，清代的石涛、郑板桥、蒲华、吴昌硕，都是画竹大家。竹这一题材对中国花鸟画有重要贡献，而茶的题材则对中国的人物画功不可没。从唐代周昉《调琴啜茗图》到宋刘松年的《斗茶图》《撵茶图》，宋徽宗的《文会图》，元代的赵孟頫，明代唐寅、文徵明为代表的吴门画派，陈洪绶与丁云鹏，清代的扬州画派，其后的海上画派。塑造了无数茶的意境。

茶席构思——

竹茶会是在世界文化视野中的中国符号，每一个元素都蕴涵着中国文化骨髓里的风味，是要丰厚的，却要透着国际范儿。很书生，很文人审美，但又很灵动，就像李安电影《卧虎藏龙》的意境。李慕白与玉娇龙竹林比剑一幕，竹海、绿、风声、白衣、武、性灵与人生。

茶人 茶人掌茶，最为紧要。这是一款男士茶艺，冲淡平和，透着阳刚之气，可谓刚柔并济。三位男士冲泡，一位男士解说，具着长衫。另有一位女士打太极，由杨氏的行云流水转而陈氏的劲如缠丝。太极拳理与竹茶文化有相通之处，太极者，无极而生，动静之机，阴阳之母。动之则分，静之则合。它源于老庄道家思想，重生贵生乐生养生。是中国文化对生态文化的可贵的贡献。

茶桌 设三席，道生一，一生二，二生三，三生万物，这是老子的生态观。茶桌竹制，最理想是斑竹，斑竹的文人气最足。不宜大，需特制，表演传播于四海，大则不便携带。

茶器 茶席不用铺垫，竹面最会朴素。主茶器选用宜兴紫砂壶的经典款式——紫泥竹节提梁。紫砂壶在茶器中文气深厚，较之如女子肌肤般的瓷器，紫砂深沉的亚光更接近男性。竹节自然为了点题，提梁在视觉上挺拔高挑，不仅舞台效果好，且有"竹林七贤"的"林下之风"。

茶盏三，景德镇手绘的竹枝青花斗笠盏，所绘竹枝在茶盏的内壁，注入茶汤后犹如竹枝在茶中摇曳身姿。两盏设与紫砂壶左，竹枝向外，待客之意。另有一盏设于壶右，竹枝向内，自饮之意，象征君子的清洁孤高，慎独而善于自省。

此外，壶承、赏茶荷、茶藏、茶道组、茶船、勺，均为竹制。工艺上体现了竹编、竹雕、竹刻、留青、贴簧。茶席为增情趣，往往设些玩赏之物。原想设一竹雕山水臂搁，惜哉，可遇而不可求。所幸遇到一对乌木贴簧刻竹枝的镇纸一对，包浆已足，可增古意。

背景 古典要以现代的手法来表现，背景是动态的影像。影像和着音乐，和着茶艺的动作，和着太极的节奏，表现的是天目山下、钱王故里的生态景致。另录元代柯九思与清代石涛的墨竹图各一，这是历史中、艺术中、人生中的竹，"晴雨风雪，横出悬垂；荣枯稚老，各极其妙"。

解说词 独坐幽篁里，弹琴复长啸。深林人不知，明月来相照。太极者阴阳之机，动静之母。太极的飘逸，和着风吹竹枝的灵动与茶烟的飘渺，为我们展示竹茶相会的生态之美。

竹乃"岁寒三友"，名列"四君子"，他挺拔秀丽、潇洒多姿、虚心文雅、高风亮节，文质彬彬，堪称君子。竹炉煮茶、竹林品茗自古是高士之风。竹茶席、竹茶器，茶人即君子。竹器本是天然茶器，素雅高贵，景德镇的竹枝青花盏，天风绕盏，道法自然。宜兴的紫砂竹节提梁壶，气韵深厚。

天地交，万物生，天地通，万物泰，天目山的竹，天目山的茶，竹茶相会，阴阳太极，构成一幅生态之图，润养人间！

第三节　茶席通过茶艺表现

茶席作为静态物象的语言要通过茶艺得以表现出来，动静结合，空间艺术与时间艺术结合。茶艺作为茶文化的一门课程，堪称显学，有其各色流派发展而来的合理或不合理的诸般理论与实践，在此并不赘述。仅就茶艺在表现茶席的过程中应考虑到的六个方面的调和加以提炼，提出参考：

人与茶和　择茶的问题已在前章叙述。

茶与器和　不同的茶决定了适合其特性的茶器。

器与器和　主次分明。"主次"，指的就是在茶席上所要表现的主体以及配搭的茶具。选择必须要明确，而不是一味地凸显所有的东西，或者把次要的东西给凸显出来。

壶与杯摆设在最重要的地方，因为它们是主体。其他如茶海、水盂、茗炉、茶匙、茶叶罐、观赏荷等摆设在不明显的地方。没有用的茶具不要摆设出来。小饰物的配搭更不要喧宾夺主，点到为止。

人与器和　这一条恐怕是茶艺呈现过程中最为重要的。茶器在静态时选择的再怎么合适、美观，冲泡时不趁手也是前功尽弃。这既要求茶器选择要符合人体工程学，也是对茶艺师手法与技艺的考验。

色彩调和　铺垫、茶巾、茶具、服饰等的色彩必须调和。基于物品之间本身缺少关联性与协调性，因此配搭物件的颜色以及确保颜色的调和就变得格外重要。在颜色的搭配上如果茶具之间不是一套，桌垫可以起到很好的调和作用。

自由随和　好的艺术作品是源于生活高于生活，茶席亦是如此。设计者可以随着自己的心情或者环境即兴创作或者做临时的调整、改变，不要墨守成规，认为设计好的东西就不能改变。须知茶圣陆羽在《茶经·九之略》中就专门谈了野外煮茶时茶席的省略与变通。茶席的表现要融会贯通，自由随和，才能把此艺术提高到另一个层次。有时茶席中要懂得空间留白，利用空间的留白达到整体的和谐。

【案例赏析】《茶艺红楼梦》　作者：王旭烽　潘城　等

　　2010年，笔者与王旭烽、包小慧、方雯岚、赵文逸共同创作的《茶艺红楼梦》是一组表演呈现性质的动态茶席，整组由12席组成，在整体的色调、器用、服饰上都是结合金陵十二钗的命运与气质。

　　作品中贾宝玉与林黛玉真挚而凄美的爱情，感动着历代读者。以黛玉一席为例。茶是纯洁忠贞的象征，它代表了黛玉为爱而死；白瓷盖碗茶具，纯洁高贵，意在黛玉是"质本洁来还洁去"；花车所饰的芙蓉正是书中林黛玉所对应的花，"莫怨东风当自嗟"。

此茶席最大的特点就在于将茶、器、花、意高度统一到"高洁"二字。将茶之纯洁本性与纯真爱情绝妙结合，体味《红楼梦》至善至美至真的意境。

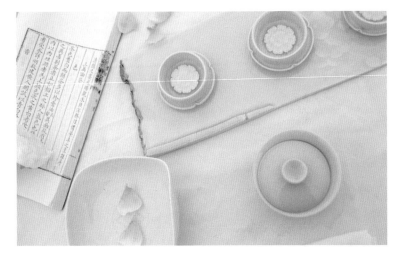

■ 黛玉茶席

红楼十二钗对应十二种花，十二个花桌，十二个茶席。分别为：

林黛玉 —— 芙蓉花 —— 碧螺春；

薛宝钗 —— 牡丹花 —— 龙井茶；

妙玉 —— 梅花 —— 禅茶；

史湘云 —— 海棠花 —— 罗阳曲毫；

贾元春 —— 石榴花 —— 八宝茶；

贾探春 —— 玫瑰花 —— 玫瑰花茶；

王熙凤 —— 凤凰花 —— 大红袍；

贾迎春 —— 菱花 —— 茉莉花茶；

贾惜春 —— 莲花 —— 白茶；

李纨 —— 兰花 —— 君山银针；

巧姐 —— 稻花 —— 普洱女儿茶；

秦可卿 —— 桂花 —— 滇红。

音乐选配的是 1987 年版电视剧《红楼梦》中的几个经典曲目：《红楼梦引子》《葬花吟》《晴雯曲》。

■ 宝钗茶席

解说词 一部《红楼梦》，满纸茶叶香，中国古典名著《红楼梦》中描写茶文化的篇幅广博，其钟鸣鼎食、诗礼簪缨之家的幽雅茶事，细节精微，蕴意深远。

天下香茗，源出巴蜀。芳茶冠六清，溢味播九区。这块神奇的土地所产之茶犹如《红楼梦》中贾宝玉颈项上系着的一块晶莹剔透的通灵宝玉，是中华茶文化的命脉所系。

一盏清茶，滋润出了红楼梦中的金陵十二钗：诗心幽情的黛玉，好高过洁的妙玉，醉卧花丛的湘云，持重冷香的宝钗。元春，探春，迎春，惜春；凤姐，李纨，可卿，巧姐；红楼女儿千红一窟，万艳同杯，宝鼎茶闲烟尚绿，幽窗棋罢指犹凉。她们都是品茶的高手，事茶的精英。她们是茶中的花女郎，她们是花中的茶仙子。且让各位在这古巴蜀的茶之圣地，钟灵毓秀的永川，伴随她们的歌声，探访她们的茶事，感慨她们的命运，品味她们的茗香。

■ 妙玉茶席

不同的花席，不同的茶香，不同的器皿，同样的女儿心肠。

黛玉的越窑青瓷：纯洁高贵，"质本洁来还洁去"；

妙玉的龙泉粉青：色泽清冷，孤傲禅心；

宝钗的汝窑茶具：正旦青衣，含蓄沉静；

湘云的彩瓷琳琅：纯洁、轻柔，亮丽芬芳；

凤姐的洒金釉壶：华丽绚烂，机心张扬；

李纨的紫砂茶壶：最显得性情恬静温柔，质朴善良；

巧姐的青花瓷：方显得洗净铅华，耕织农庄；

可卿的粉彩瓷：花色绮丽，迷人沉香；

"元迎探惜"四姐妹，一色玻璃，明净透彻，可叹可赏；

不同的花席，不同的茶香，不同的器皿，同样的女儿心肠。

十二位金钗，十二袭茶服，量身订制；

十二位金钗，十二朵鲜花，与茶相配；

黛玉芙蓉花，相配碧螺春；

宝钗牡丹花，相配龙井茶；

妙玉梅花隐，相配有禅茶；

湘云海棠花，相配祁门红；

元春石榴花，相配八宝茶；

探春玫瑰花，相配玫瑰茶；

凤姐凤凰花，相配大红袍；

迎春菱花小，相配茉莉茶；

惜春莲花净，相配有白茶；

李纨幽兰花，相配君山茶；

巧姐稻米花，相配女儿茶；

可卿香桂花，相配滇红茶。

开辟鸿濛，谁为情种，都只为，茶缘情浓。趁着这，艳阳天，采茶日，弦歌时，试谱愉衷。因此，捧上这，千红一窟的红楼茶，请各位品尝，享用……

【案例赏析】《草色遥看近却无》 作者：云迟

这是一席以南京明朝皇家气韵为表现主题的茶席作品。主题"草色遥看近却无"，暗合着"最是一年春好处，绝胜烟柳满皇都"的意境。主泡器选用苹果绿仿雍正盖碗，配以敦睦窑葵口德化杯八盏，匀杯亦选

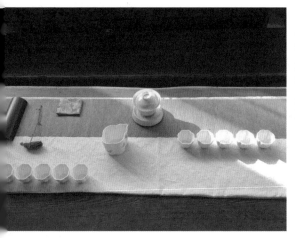

用敦睦窑手绘青松。插花器选用仿宋官窑梅瓶。则置选用岁末刚风干的小佛手，配紫竹枝。茶荷则是老梅竹，水方是蟹壳青斗笠钵型器。煮水器是日本老铁壶"雏菊"。茶仓1为敦睦窑牡丹纽小罐，藏峨嵋雪芽；茶仓2为黑釉小罐，藏岭头单丛。铺垫是自制的浅蓝浮花。茶艺师身着的茶服与黄袍的配色一致。整体表现出了南京这座六朝古都所具备的浮华之中的深沉与忧郁。

在茶席设计的教学过程中，我们不断自问自答，原来茶席可以这样被展示吗？它的疆域究竟在哪里？它真的可以脱离原本具有的物质功能内涵而完全进入精神，成为茶领域中独立存在的文化符号吗？这个答案就在茶席作为一门艺术所应具有的表现性中。

当我们认识到，艺术的能动性质象征着某种人类命运时，表现性就会呈现出一种更为深刻的意义。在涉及任何一件茶席艺术品时，我们也都会不可避免地涉及这种深刻意义。

第 七 章
从茶席到茶空间

素瓷传静夜，芳气满闲轩。

——唐·陆士修《五言月夜啜茶联句》

■ 杭州观止茶空间

茶席是一种高度浓缩的茶空间，我们可以由茶席艺术进而探讨茶空间的功能与艺术。事实上，在当下"茶空间"这个概念已经在不同的场合被提出，并得到运用。本章将从茶席的环境谈到茶建筑，进而提出对茶空间的认识与设计。

第一节　茶席环境

　　不论是苏东坡的"寄蜉蝣于天地，渺沧海之一粟"，还是陈子昂的"念天地之悠悠，独怆然而涕下"，中国人至高的哲学与诗境无不是指向空间的。茶文化空间小到一杯一盏之间，大可直通天地自然，可以居庙堂之高，也可以处江湖之远。在茶书典籍中从陆羽《茶经》到明清的诸种茶书无不阐明在自然空间的品茗是天人合一的。在茶的书画中如颜真卿的《竹山连句》，文徵明的《惠山茶会图》，仇十洲的《赵孟頫写经换茶图》等无不描绘在自然空间的品茗是直通性灵的。

　　因茶是自然之物，所以人们更偏爱将茶席置于自然之中。晚明时期的茶人在他们的茶书中分别有对饮茶环境和空间的描写或期望。

　　如浙江慈溪的大茶人罗廪（1553—？）在他的《茶解·品》中描写了他认为理想的饮茶环境——"山堂夜坐，手烹香茗，至水火相战，俨

■《"妙境"茶生活组》
沈宝宏 作品

听松涛，倾泻入瓯，云光缥缈，一段幽趣，故难与俗人言"。

又如杭州的许次纾(1549-1604)在他的《茶疏·饮时》中列举了一系列适于饮茶的情况，其中有指时间和饮茶人的身心状态等，也有指空间环境的——如"明窗净几、洞房阿阁、小桥画舫、茂林修竹、荷亭避暑、小院焚香、儿辈斋馆、清幽寺观、名泉怪石"。

再如屠隆(1541—1605)在他的《茶说·九之饮》中道——"若明窗净几，花喷柳舒，饮于春也。凉亭水阁，松风萝月，饮于夏也。金风玉露，蕉畔桐阴，饮于秋也。暖阁红炉，梅开雪积，饮于冬也。僧房道院，饮何清也，山林泉石，饮何幽也。焚香鼓琴，饮何雅也。试水斗茗，饮何雄也。梦回卷把，饮何美也。古鼎金瓯，饮之富贵者也。瓷瓶窑盏，饮之清高者也"。

可见中国古人对饮茶环境的要求体现了精神上的升华，使品饮更为内化和个性化。

日本茶道也很讲究自然，一年四季都有在自然中的茶席。春日茶席叫"新绿"；立夏茶席因使用风炉叫"初风炉"；秋日赏月茶席叫"月见"；适逢赏枫叶叫做"枫叶狩"；晚秋茶席因使用旧茶称"茗残"。

■ 杭州"青竹"茶空间

第二节　经典茶空间建筑

一、茶馆

茶馆历史悠久，但究竟何时何地出现，中国古代的记载多语焉不详。史料提到诸多饮茶的空间都类似茶馆的功能，如：茶肆、茶室、茶摊、茶棚、茶坊、茶房、茶社、茶园、茶亭、茶厅、茶庭、茶楼、茶铺等。往往在不同的地区，不同的时间，有不同的形式和名称。茶馆，是现代中国对这类服务设施空间最常用的词。

从文献可知，至少从唐代开始就有了茶馆，即喝茶的公共场所。在北宋首都汴京和南宋首都杭州，有不少"茶坊"，提供了为各行各业、三教九流活动的场所。明清时期更是茶馆遍布，尤其在南京、杭州、扬州等南方城市。当代中国较为著名的茶馆如北京的老舍茶馆，杭州的青藤茶馆等。

■ 杭州湖畔居茶楼

■ 杭州青藤茶馆

二、茶室

　　这里特指日本茶道建筑中的茶室。日本茶道亦称"草庵茶"。这个别称起源于其茶室的外形与日本农家的草庵相同。它是由土、砂、木、竹、麦秸等组成的。外表不加任何装饰。茶人们信奉佛家的"无常"观，没有永恒的事物，茶室也不求永存，一个茶室的寿命以60年为准。茶室的标准面积为四张半榻榻米，约8.186平方米。超过这个面积的称为"大茶室"，小于这个面积的称为"小茶室"。小茶室比大茶室更多的体现了简素、静寂的风格，所以成为茶室的正宗。日本茶室的最高代表，是由千利休设计建造的"待庵"只有两张半榻榻米的面积。

　　茶室虽小，但外表要设计的富于变化、不单调。外表上最能体现茶道艺术特点的是茶室的小入口。这个非跪行而不能进入的小入口是世界建筑史上罕见的设计。壁龛是茶室中规格最高的部分，人们进入茶室，首先要在壁龛前行礼，参拜壁龛中挂着的禅宗墨迹，观赏茶花。茶室的窗户十分讲究，茶道主张采用自然光，茶室往往三面开窗，上面还要开小天窗。茶室的顶棚由苇叶、竹片做成。顶棚设计的有高有低，高顶棚下坐客人，低顶棚下主人点茶，表示对客人的尊敬。

日本茶道茶室有三个特点：

1. 与一般房屋建筑不同，茶室是一种艺术品，是进行艺术创作的场所。它的目的不在于宽敞、舒适、明亮、耐久，而在于实现茶道的和、敬、清、寂的宗旨。由此，茶室有面积小、多变化的特点。每一个茶室都是独一无二的存在。

2. 茶室建筑材料以尊重自然形态为原则。室内不加装饰，内外的基本色调为朽叶色。

3. 茶室建筑中具有非茶室所没有的特别构造——地炉、小入口、台目榻榻米、增板、小天窗等。它们是历代茶人设计的结晶，它们的存在使茶室艺术之美带上了静谧、神妙的色彩。

■ 日本茶室　不审庵

三、茶庭

茶庭指的是用于品茶的园林与庭院。中国的造园艺术有悠久的历史，而庭院品茗是历代文人追求的雅境。中国园林是由建筑、山水、花木等组合而成的一个综合艺术品，富有诗情画意。叠山理水要造成"虽由人作，宛自天开"的意境。

如上海豫园成为著名的茶庭，但古建筑园林艺术家陈从周先生并不提倡将这些著名的江南园林改造成茶馆，破坏了园林本该有的清幽。当然，这指的是特定时期的现象。在历史上就有以茶名世的园林，如无锡惠山的竹炉山房，明代沈贞绘有《竹炉山房图》，表现了茶庭品茗的意境，清乾隆也曾到此品茶作诗。

如果说中国人的园林天性自然，功能多样的话，那么日本的茶庭就有指向茶道的专门性了。日本茶道界称茶庭为"露地"，起于千利休，是从佛经中来的。"露地"不是供人欣赏的，而是修行的道场，人们通过在茶庭中的一段行走，在进入茶室前忘却俗世的烦恼、私欲。茶庭有几个特点：

■ 日本茶庭

（1）茶庭更多的是修行空间，不做休息、乘凉、赏景、游戏的场所。一般只种常绿植物，不栽花，特别是色彩鲜艳、花朵大的花。整体色调是自然木石色。

（2）茶庭中基本不留空地，常绿树木遮掩住大部分空间，只出现一条条小路和一些必不可少的设施。

（3）茶庭中的每一个景致都是与实用价值结合在一起的，没有专门供欣赏而设立的景物。但一石一木的安置都要煞费苦心。

（4）茶庭分为外露地和内露地。客人先在外露地静心安神，而后进入内露地，最后进茶室。内外露地之间由一道竹棍或干树枝扎成的墙隔开。外露地设有小茅棚、石制洗手钵、内厕、尘穴、石灯笼等。

四、茶亭

一谈茶亭，最有名的是唐代陆羽住过的"三癸亭"，以及唐代顾渚山上每年斗茶所设的"竞会亭"。

■ 三癸亭

1. 三癸亭

唐大历八年,湖州刺史颜真卿于浙江湖州杼山为陆羽所建。因为成于癸丑年、癸卯月、癸亥日,故名三癸。颜真卿有诗《题杼山癸亭得暮字》:"欻搆三癸亭,实为陆生故。"今天在湖州杼山仍有三癸亭,但为一般凉亭的面貌。唐代的三癸亭也许并非我们所想象的只是湖州"品饮集团"举行茶会的场所,很可能颜真卿借着编修类书的机会给陆羽造了一个住处。既然是陆羽居所,肯定不是现在的样子,起码要有煮茶著书,起居坐卧的功能。

2. 竟会亭

自唐代起,紫笋茶与阳羡茶被作为贡品。两种茶其实产于一个山脉,但分成两个州管辖,一个属于常州阳羡,就是今天的江苏宜兴,一个属于湖州顾渚,就是今天的湖州长兴。所以这两个州的刺史就成了贡茶的共同负责人。每年的农历三月是采茶时节,此时两州官员要聚集到两州交界的顾渚山上,共同负责制茶和运送的监督工作。于是便在这个地方修建了一座亭子叫做"竟会亭"。大家聚集在这个地方,举行茶叶比赛。官员从山上下来,泛舟太湖,在画舫里欢宴、通宵。曾坐在竟会亭长官席上的有我们所熟知的大诗人杜牧。那一年所有贡茶都送出了。杜牧写了一首诗《题茶山》,现在有名的两句是"山实东南秀,茶称瑞草魁"。当年冬天他便被召回长安并于第二年去世,也再没去过竟会亭。

竟会亭的建筑样式,内部的结构功能究竟怎样,现在已不得而知。

3. 古道茶亭

古代随着农村经济发展,异地商贸往来逐渐频繁,茶会、集市适时建立,茶亭应运而生,是向行人、商旅提供休息、饮茶的公共设施。茶亭也与民间的施茶习俗密切相关。

比如浙皖之间的古代要道徽杭古道是以步行为主的通道,堪称江南的茶马古道。古道上每隔二里路就会有一个茶亭。一路上，凡有村子，多在村口设有茶亭。凡有桥梁，多在桥边设有茶亭。这些茶亭不仅是行路之人歇脚喝茶解渴之所，也是中国人道德的守望之地，更是心灵的驿站。

以浙江临安境内的茶亭遗存为例。根据当地老人的回忆，茶亭中原先的布局，有二米长的桌子，有茶灶、茶锅、茶碗，前后有布帘挡风。茶灶有半人多高，夏天，整锅的茶熬好做凉茶，供行脚的人来解渴、避暑。茶叶由小队里专门成立的茶会提供，那是一种世代延续的公益事业，是永远免费的。过路人可以自己取用。茶亭由小队成员轮班管理，或者大家出钱雇一个村中最困难的孤寡之人，以烧茶为生。

最乐亭在一条公路边，修缮一新，原名"永安桥亭"，徽派建筑风格。

80岁的老人陈兴隆当年在这座茶亭中泡过茶，他激动地回忆了当年茶亭中的布局，以及往来热闹的景象。如今穿过茶亭的路早已不复存在，一边是河，另一边是公路。破败的茶亭被荒废了多年，如今整修一新，像一位簪花的白头老妪，看着公路与河流，负暄无语。

荒草之中的冷水亭是一座石亭，像一口精巧的窑洞，依山而建。亭内长年有一泓山泉水，水质清冷甘洌，可供行人饮用解渴，因而得名。亭内有重修冷水亭碑，碑文大约记载了此地上接凤凰岭，原本无亭，行人艰辛，当地人就修了一座木亭，不料遭到了焚毁，于是大家又集资修成了这座石亭，一劳永逸。亭中的这眼冷水也从此保存了下来。以此冷水沏茶，必是绝品。

五圣桥亭位于清凉峰镇颊口、杨溪义干村交界处，跨昌西溪，为杭徽古道要冲。亭边有重修五圣桥亭碑，同样记载了重修此亭捐款者的姓名。茶亭的另一面发现了一块大碑，刻着"减度桥"，"桥"字已经不易辨识。为何要叫"灭度"呢？传说中徽杭古道上一位客商，原先走到这里没有桥，要到渡口摆渡，摆渡人就敲竹杠。后来这位客商发了家成了徽州富商，就赌气要灭了此渡，于是捐银建桥。明万历十六年（1588）桥成，名"灭渡桥"。行人称快，勒石纪念。桥头有五圣亭、五圣庙，因此后人渐渐称为"五圣桥"。义干村民多行善事，炎夏来临，轮流烧茶，免费供应，受人赞佩。公路建成，古桥犹存，五圣桥亭如今修缮一新。此桥提醒人们要重义轻利。

还金亭位于清凉峰镇白果村。南宋时，有个安徽书生赴杭州赶考，路经顺溪横溪桥茶亭，夜宿茶亭茅棚，次日一早继续上路，至杭州才发觉随身包裹已丢，里面有三百金。他即刻返身按原路寻找，再至横溪桥边茅棚，见乾山王仰峰老人拾得包裹后已在此等候多日，当面清点奉还，并分文未取犒银。多年后，书生显爵高位，然仰峰老人已故世。为永记老人的恩德，他请工匠在横溪桥边重修茶亭，留名"还金亭"。这座还金亭成为道德楷模的标志，受到历朝历代官方的表彰。

此外还有观音岭茶亭、永丰茶亭、荐菊茶亭、陈善茶亭、铺桥头茶亭、车盘岭头古道茶亭等，见于史料记载的茶亭更是不计其数。这还仅是临安一地的例子，可见中国古代的茶亭，实是茶建筑中的大类。

五、茶寮

明代文震亨《长物志》第一卷"室庐"中第十一个条目就是"茶寮"："构一斗室，相傍山斋，内设茶具，教一童专主茶役，以供常日清谈，寒宵兀坐；幽人首务，不可少废者。"这里提出了茶寮的概念，但是还比较感性。此外，明代杨慎在他的《艺林伐山·茶寮》中谈到："僧寺茗所曰茶寮。寮，小窗也。"

茶寮是明代文士茶具有代表性的茶空间建筑，欣赏明代吴门画派的一批茶画，最能够直观的了解茶寮的形制与面貌。

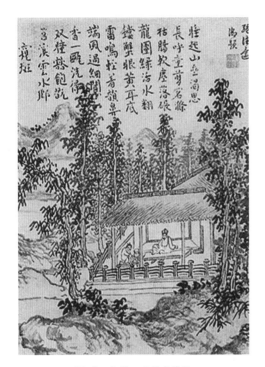

■ 元　赵原　陆羽煮茶图

■ 明　文徵明　品茶图

■ 适合当代人户外品茗的便携式"茶寮"　薛中　设计作品

六、茶场

这里的茶场并非茶叶加工生产时的茶场，而是特指在浙江金华磐安发现的唯一宋代古茶场建筑：玉山古茶场。

古茶场庙位于磐安马塘村茶场山下，据史料记载，这座古茶场最早建于南宋年间，距今已有800多年历史，现存建筑是清乾隆年间重修的。整个建筑按照茶场庙、茶场（茶叶交易）和管理用房组成，建筑面积1502平方米，建筑按交易市场布局，厢房住人、储物，正楼品茶和交易之用，是一处古代"市场"的实物遗存。磐安古茶场庙的发现，填补了我国古建筑领域的空白，这对研究我国古代茶业发展、茶叶文化乃至古代市场建筑艺术均具有重要价值。

茶场庙占地169.20平方米，由牌坊式门楼、天井、庙宇三部分组成，中间门上方刻有"茶场庙"，两边都有一幅人物故事塑像，主脊檐饰双龙图案，檐下里外有壁画，天井用卵石铺成多种图案，庙宇三间柱头置栌斗，整个梁架有彩绘，明间上金檩下方雕有双龙及寿、福、禄图案，次间上金檩下方雕有蝙蝠图案，牛腿雕有花瓶、花草、动物等图案，屋脊中间置有葫芦定风叉，柱础鼓形成方形，明间鼓形柱础雕有双龙图案，明间地面用条石铺砌。

与茶场一墙之隔的是茶场管理用房，是古时朝廷官员在此征税办公的场所。茶场管理用房代表了茶事的权力机构，象征着国家对茶这一重要税收作物的把控。此地比茶场庙略大一些，是用来进行市场管理、征税和办公的场所。人们假说，当年的巡检司或可能就在这里履职。而今，管理用房已变成了"观音禅师"。据说，早在宋代，这里就已经建有茶场和茶场庙，设有"茶纲"，到清咸丰二年，朝廷委派东阳县衙管理茶场，立"奉谕禁茶叶洋价称头碑""奉谕禁白术洋价称头碑""奉谕禁粮食洋价称头碑"三大碑。三大碑说明玉山古茶场除季节性茶交易外，平时还有白术、粮食等商品自由交易，反映了综合市场的特性，同时见证了山区经济发展的轨迹。

从管理用房旁边的耳房转出，古茶场便赫然在目，实际上它就是古代的一个"茶博城"。古茶场在空间上，给人最直观的感觉就是一个四四方方的院子，它由门楼、小天井、两侧厢房、第一进、大天井、第二进以及这二进旁的厢房组成。前后两进房子均为五开间，中三间为厅堂，两侧为厢房。厅堂、厢房十四根柱子围成了一个大四合院（即大天井），均为二层楼房，形式为走马楼。楼上临天井四面是相通的廊，以便于楼上客商往来，留宿商谈，楼下为固定摊位及自由交易摊位，可设茶铺进行交易。听老辈们说，大天井里原本有一个飞檐翘角的戏台，建于乾隆戊戌年（1778），上有盘龙石柱、飞檐翘角，精工细致、气派得很，堪称这里的建筑经典，上书一副楹联：月白风清如此良夜，高山流水别有知音。

从中间一进两侧大简易楼梯拾级而上，楼上便是古时观戏的贵宾台。台中有一张旧桌，桌旁放置着一张古色的茶缸，上有茶叶文饰，腹部还有"周顺德记"四字，可见茶缸主人家底颇丰。而古时候，也正是在这台子上，人们开展"斗茶""猜茶谜"等游戏时，就少不了这种茶缸。评茶斗茶，其茶市的功能非常完备。

■ 玉山古茶场

第三节　茶空间

一、茶空间概念

2002年，张宏庸在中国台湾出版的《台湾茶艺发展史》一书中总结了"茶所"这一概念："茶所的规划方面，有属于私人茶所的厅堂、雅室、园林；属于工作场所的会客室与工作室；属于公共茶所的茶馆；属于户外茶所的野外品茗。这类茶所自古以来都有相当的发展。"这里所谓的"茶所"已经具备了茶空间的面貌。

2015年，王旭烽教授在首届"茶空间精英实训"的讲授中首次系统的界定了茶空间的定义：与人类品饮茶有关的实体空间、自然空间、精神空间与虚拟空间的总和即茶空间。这个概念与以往的一些提法最大的不同在于，不再是仅以饮茶为中心，来认识空间，而是以空间自身为主体，根据茶事需要来设计、调整与布置，茶与空间是一个有机的整体。并且茶空间是多维度的，包括精神的和虚拟的，这也为茶空间的艺术化和产业化发展提供了广阔的前景。

（1）与人类品饮茶有关的实体空间大约可以囊括以下这些区域：常规的老茶馆、茶艺馆；酒店和饭店大堂饮茶处、茶吧台；企事业单位的茶吧、茶接待室；大中小学各类茶教室、实验室；茶博物馆、茶艺术馆以及各茶业单位有关茶的展示空间；家庭茶室、饮茶角；移动型露天茶空间等。

（2）与人类品饮茶有关的自然空间也就是户外与山水同在的饮茶

空间。向来是中国传统文人的重要茶空间。自然空间一旦与茶有关，就构成了茶空间。

（3）与人类品饮茶有关的精神空间。精神空间包含两个层面，一个是与茶相关的寄托人类精神、灵魂、信仰的空间，比如实行茶道仪轨的寺院，与茶有关的教堂、清真寺等。另一个层面是人类在精神世界中构建的茶空间，这些往往通过诗歌、小说、戏剧、音乐、绘画、冥想等手段完成，比如在韩国茶礼的高级课程中就有冥想的训练。

（4）与人类品饮茶有关的虚拟空间包括：互联网上的茶空间，茶交易平台，茶网店，手机客户端上的茶空间，与茶相关的数据库，以及线上线下相结合的半虚拟空间。

二、如何设计茶空间

在此提供一些设计思路的出发点。

1. 传统文化

茶文化是优秀传统文化的重要组成部分，对茶空间的设计是不能不建立在对传统文化的认知与解读基础上的。

2. 师法自然

茶是自然之物，茶文化是一种天人合一的生态文化。要从大自然中寻找茶空间的设计灵感。

■ 杭州"青竹"茶空间

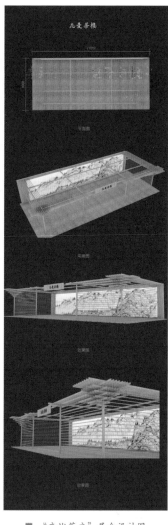

■ 湖南岳阳潇湘茶院　潘城　宋明冬　作品　　　　　■ "忘忧茶庄"展会设计图
　　　　　　　　　　　　　　　　　　　　　　　　　　　潘城　宋明冬　作品

3. 大师之肩

在悠久的茶文化历史长河之中，有许多经典的茶空间形式，比如中国明代的茶寮、日本茶道的茶庵等，当然还有一大批当代的杰出作品。这些大师之作已经成为茶空间的经典与范例，成为我们茶空间设计的宝贵财富。

【案例赏析】《茶禅一味·澄怀》 作者：吴腾飞

这个茶空间主要以当代家具的创新设计为主体，是站在了"茶禅一味"这个中国茶文化传统之上的创作。既立足当下生活的需求，又溯源传统文化之根，从生活体验与文化义理中汲取设计思想，重构设计语言。简素的案几和凳椅，通体无雕饰，渗透着宋代的士人之气。

这个茶空间的点睛之笔，在于大小案几的交错叠放，小案几"骑"于大案几之上，搬移轻便犹如滑行。独处之时，推小案几于边上，木榻、素屏、漆琴、书卷，可以阅读与独饮。有客来，移小案几居中，可以相对冲泡品茗，或对弈清谈。

4. 材料为王

对茶空间的设计有时可以从材料入手。特别是茶有其自然、简素的特质，适合类似气质的天然材料，比如竹与茶在文化上高度匹配，竹材在茶空间设计上就显得相得益彰。

5. 逆向思维

当今的茶文化大有国际化、年轻化、时尚化的趋势，茶空间的设计也要更具创意。这往往需要我们打破固有思维的牢笼，从传统方式的反面进行思考和设计往往会得到意想不到的效果。

■ 2016深圳茶博会茶空间设计大赛创意奖《结界》

【案例赏析】 "茶与筑" 茶空间设计大赛作品

茶空间设计日渐成为茶博会上的必备项目，因其独具的审美特性，成为吸引眼球的亮点。为了推进茶空间与市场的交流与对话，让人们更了解和认知茶空间，实现"让每个家庭都有一间属于自己的茶室"的愿景，2016年深圳茶博会组委会举办了以"光阴故事·溯本"为主题的"茶与筑"空间设计展大赛及论坛。比赛对茶空间设计这一新的领域做出了重要的探索。

■ 创意奖《善品》

■ 最佳人气奖、创意奖《竹院清风·听风》

■ 季军《荷塘·闲舍》

■ 亚军《一片叶子开启的宇宙空间》大量运用了数字媒体技术

■ 冠军《高山流水》

三、建构茶空间的要素

最后，以目前茶空间领域现有的探索，试着总结一下构成一个茶空间所需要具备的要素。并且，这些要素的排列有前后顺序关系。

（1）建筑（或自然、半自然环境）。

（2）茶空间文本（茶空间的内涵，所要展示和表达的内容）。

（3）室内设计装修（硬件）。

（4）室内装饰（茶书画、摄影、雕塑、古玩、艺术品等）。

（5）茶家具（包括茶桌椅、茶台、茶柜等）。

（6）茶席茶器。

（7）茶服。

（8）茶空间音乐。

茶空间是一个值得不断探讨与研究的话题。对于茶人的个体生命而言，茶空间是茶与相应精神生活的承载方式。同时茶空间的现实意义还在于，它以空间的形式组织出茶文化的"话语体系"，成为茶文化产业的一种新形态。

■ 观芷茶空间

第八章
茶席审美

竹下忘言对紫茶，全胜羽客醉流霞。

——唐·钱起《与赵莒茶宴》

第一节　茶席美的本质与范畴

一、茶席美的本质

茶席艺术的美往往表现为"感官愉悦的强形式"和"伦理判断的弱形式"。我们看到茶席的色彩，欣赏茶器的材质，品味茶汤的滋味，都是因为茶席赋予我们的感官愉悦要比日常更强有力。但当我们欣赏茶席艺术的内在精神时，追求的往往是茶所表现出来的清、静、和、雅、淡、廉、自然、质朴、精行俭德，这些就是"伦理判断的弱形式"。强弱相生，这种"内弱外强"符合美感的一般规律。

茶席艺术之所以美，其本质就在于"自然的人化"。茶是自然之物，人们爱茶，在审美上有亲近自然的愿望。通过茶，人类得以更好地感受自然之美。但现在有茶人经常会说，要彻底的回归茶本身，回归自然生态，空洞的强调所谓"返璞归真"，实际上是绕开或弱化了茶的"人化"与"艺术化"的能力。茶席是大器，上可以承载茶道，下可以经世致用，最可以体现中国文化道、器、用三者之间的关系。这可以视为"人化"的审美价值。

因此，茶席艺术之美在本质上是一个"自然的人化"的过程，也可以理解为"茶的艺术化"的过程。

【案例赏析】《曲水》　作者：侯正光

茶席运用太极鱼的轮廓，围合而坐，凳子顺势也形成了一个曲线。借用曲水流觞的雅趣，以茶代酒。太极与茶席的完美结合，两者都是"自然的人化"这一中国审美特质的代表。

二、形象美与抽象美

我们的审美经验总是会参照我们熟悉的事物发展，比如看到奇峰异石，就会去联想像一头狮子或一位美女。大多数人习惯以形象思维来观察世界，茶人、茶席设计师也常常用形象思维来创作作品。不少茶席可以"移山倒海"，把园林、湖面、沙漠、森林甚至世界版图都微缩到茶席的方寸之间。

但我们不能只满足于欣赏和创作具象的茶席作品，我们个体认知范围内的世界是极其有限的，因此抽象化的表达，抽象之美，是比形象美更加广阔的领域。

当一幅画只是一些线条和色块的组合，一段音乐是不同声音的交响，一首诗是难以理解的叙述，一座雕塑是不明确的造型——所有这些欣赏的对象都不在我们认知的形象经验之中，但它们又都完善地表达了作者的理念、情感与审美，那就是"抽象艺术"。

对抽象艺术的创作与理解是要通过训练与天赋的。目前大量的茶席艺术作品都还处在形象的状态，而事实上茶道审美本身是寓于形象之中高度的抽象。我们日常泡茶、喝茶、摆茶席当然是非常形象化的行为，但是细想一盏茶汤给我们带来的美的享受是如此奇妙、丰富、难以言表，这就是抽象审美的范畴。未来，茶席艺术家应该更多的探索茶席的抽象美。

【案例赏析】 **《古今如梦》** **作者：仲松　吴昊宇　刘山**

作品希望通过茶席，在文明传统开始复苏的当下，重构新的文化精神。一反一个世纪以来，在西方全球化浪潮中中国人的生存语境，找回曾经迷失的自己。《古今如梦》试图从传统精神的当代性转化作为出发点，以新的器物与场景尝试探讨当代"煮茶"的制度。作品充满了抽象之美，契合东方茶道的美感。

三、节奏感

节奏不仅见于艺术作品，也见于人的生理活动。人体中呼吸、循环、运动等器官本身自然的有规律的起伏流转就是节奏。人用感觉器官和运动器官去应付审美对象时，如果对象所表现的节奏符合生理的自然节奏，人就感到和谐和愉快，否则就感到别扭与失调，就不愉快。节奏是主观与客观的统一，也是心理和生理的统一。它是内心生活（思想和情趣）的传达媒介。艺术家把应表现的思想和情趣表现在音调和节奏里，听众就从这音调节奏中体验或感染到那种思想和情趣，从而引起同情共鸣。

节奏主要见于声音，但也不限于声音，形体长短大小粗细相错综，颜色深浅浓淡和不同调质相错综，也都可以见出规律和节奏。建筑也有它所特有的节奏，所以过去美学家们把建筑比作"冻结的或凝固的音乐"。一部文艺作品在布局上要有"起承转合"的节奏。茶席艺术的动静之间，要特别注意欣赏其节奏感。

【案例赏析】《浅瓯吹雪》 作者：朱小杰

茶席表现静修逸礼，融、和、逸，追求不拘泥，人与自然相安的境界。因此，茶融于水、火、器、桌，归于五行，在流水桌旁喝茶，流水中有金鱼跃动，背景有千纸鹤飞舞。作品充满了节奏感，有律动之美。

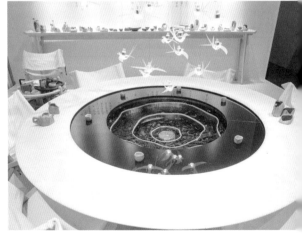

四、移情作用

所谓"移情作用"指人在聚精会神中观照一个对象（自然或艺术作品）时，由物我两忘到物我同一，把人的生命和情趣"外射"或移注到对象里去，使本无生命和情趣的外物仿佛具有人的生命活动，使本来只有物理的东西也显得有人情。这个也被称为观念联想。

移情的另一种方式叫做"内模仿"。审美活动应该只有内在的模仿而不应有货真价实的模仿。正如欧洲有少年读了歌德的《少年维特的烦恼》后真的自杀了，就破坏了美感。

内模仿是带有游戏性质的，这是受到席勒和斯宾塞的"游戏说"的影响，把游戏看做艺术的起源。中国文论中的"气势"和"神韵"，中国画中的"气韵生动"，都是凭内模仿作用体会出来的。

当人达到物我同一的境界，就会引起移情作用中的内模仿。凡是模仿都或多或少地涉及筋肉活动，这种筋肉活动当然要在脑里留下印象，作为审美活动中一个重要因素。过去心理学家认为人有视、听、嗅、味、触五官，其中只有视、听两种感官涉及美感。近代美学日渐重视筋肉运动，于五官之外还添加运动感官或筋肉感官，并且倾向于把筋肉感官看作美感的一个重要因素。在所有的艺术门类中大概只有茶席艺术能够同时调动起所有的这些感官，起到强烈的移情作用。

【案例赏析】《融》　作者：黄建辉

作品表现"宋院南禅"的意境：院，居所之周；禅，人静之本初；茶，生活之雅。宋院南禅植中国传统文化之根本，立平实之意，取易得竹木，施精巧之法，寄情于厅堂。取竹之精神，融于器物之中。而茶寓意放下，茶中带禅，与禅一味。茶禅一味的关系如果在茶席艺术中得到准确的表现是"内模仿"的一例。

五、刚性美与柔性美

刚性美与柔性美是美感的两方面，康德也提出崇高感和优美感，或者说陌生的美感与亲近的美感。比如茶盏下一定要有茶托，表示庄重，有礼仪，具备仪式感。当进入一个茶空间，一个茶席，感到精美、陌生，并非我们日常饮茶的经验，但我们感到仪式与美感。如今很多精于复古茶席的茶人提出回归传统的茶生活，殊不知这种"回归"，反而带给大家陌生感，即使是在明代，高度艺术化的生活也是属于极少部分的文人雅士。因此，我们通过这样的茶席来体验陌生的美感，就带有仪式感。另一种，比如周渝就提出为了使人更简单亲近，可以不必用茶托，茶席小而方，聚人气，这样的茶席也能使我们感受到一种亲切的美感。

【案例分析】《咏梅》 作者：陈燕飞

作品呈现一种澄澈而有趣味的氛围，谓之"真趣"。用了高低错落的花状茶几来做造型，配合圆形地毯和墙上方圆组合的水墨壁灯做茶席背景，让它们在白色的展台空间犹如一副宣纸上的墨梅画卷，右侧的巨型花器在一角创造出一种户外景象的效果，增加空间的层次感。整个作品在美感上刚柔并济，与梅花给人的印象一致，兼得了刚性美与柔性美。

第二节 茶席艺术的风格与流派

　　日本茶道、韩国茶礼都在茶席艺术上各成流派，而中华茶文化自 20世纪 80 年代初开启复兴之路，已逾三十年，蓬勃发展，期间茶艺、茶席也都逐渐具备了各自的理念，形成了不同的风格与流派。在此，以我有限的见识，将茶席艺术的风格与流派做大致地梳理介绍，挂一漏万。

一、简素的日本茶道茶席

　　简素的精神是日本民族审美的关键，特别集中地体现在茶道之中。所谓简素，就是简单朴素，也就是单纯。但这里的单纯是指表现形式和表现技巧的单纯化，而恰恰使精神内容得到深化、提高和紧张。越要表现深刻的精神，就越要极力抑制表现并使之简素化，而且越抑制表现而简素，其内在精神也就越深化、高扬和紧张。

　　日本茶道美感的出发点是"侘"或称"佗"，这是一个表现茶道美的专用词。可以用一组词汇来表现它的概念：贫困、困乏、朴直、谨慎、节制、无光、无泽、不纯、冷瘦、枯萎、老朽、粗糙、古色、寂寞、破旧、歪曲、浑浊、稚拙、简素、幽暗、静谧、野趣、自然、无圣。这种美感与禅宗思想有直接的关系，它是对世俗普遍意义的美的否定。

　　日本茶道的这种审美表现在茶席艺术上就形成了自身的特点：

1. 不均齐、无法

　　不均齐就是不对称、不规整、不平正，茶道不以正圆、正方为美，而以扁瘪、歪曲更有情趣。例如茶席中的茶碗，往往碗口歪斜，表面凹凸不平，图案不对称，上釉不均匀。不均齐用禅语解释就是"无法"，是对完美和神圣的否定，反而是真实美的常态。

2. 简素、无杂

简素是对浓重、精巧、冗长、绚丽的否定。在色彩上茶道认为单色、无光泽、暗色为上。例如茶室内的色调是朽叶色，里面的摆设尽可能少而精，摆设少、空间大，给人清爽的感觉。茶点、插花也都如此。简素美的禅语表达就是"无杂"，否定了一切的无相的自己所表现出来的纯净的自己。

3. 枯高、无位

枯高是遒劲、古老、阑珊的意思。日本茶道茶席中崇尚年份久的茶器，茶庭中的一石一木也都以历经岁月而珍贵。禅语解释枯高就是"无位"，是说事物总在发展变化，没有固定的位置和形状，没有一成不变的美。

4. 自然、无心

茶道美学上的自然是在否定了自然物和孩童所表现出的因无知而自然的状态之后建立起来的。自然即不造作、无杂念、不勉强。设计茶席时，没有经济条件却要追求名贵茶器就是不自然；已有名贵茶器，故意不用，非要表现质朴的样子也是不自然。自然的禅语表达就是"无心"，本来无一物，何处惹尘埃。没有任何束缚，用真实的自己来表现真实的艺术。

5. 幽玄、无底

幽玄是幽深、含蓄，茶道讲究不将意思完全表达出来，只显露出一部分，剩下的部分让对方回味，余音不绝，回味无穷。茶室的窗户开的小，有时档上苇帘，光线幽暗，制造气氛，让人集中精神。茶席上的名茶具不能一下子显示，茶人的才华也不能全部显露，否则就失去了幽玄的风格。禅语表示为"无底"，有"无一物中无尽藏"的无限可能。

6. 脱俗、无碍

脱俗就是自由自在，不拘形式。但是这里所谓的自由是在高度精确、严格的规范后所获得的境界，不是初学者一上来就脱俗了。禅语表达为"无碍"，心灵没有任何障碍。

7. 寂静、无动

茶席要保持安静、庄严的气氛。茶人表情温和但不笑，茶室安静，点茶时可以欣赏茶筅摩擦茶碗的声音。禅语表达为"无动"，禅心不动，用寂静的态度对待一切喧嚣。

二、"纯茶道"主义的茶席

台湾蔡荣章先生在2005年时正式提出："茶道的美感与思想境界可以单纯从茶汤获得。"纯茶道是仅就泡茶、奉茶、品茗为媒介所表现的艺术，重点在人、在茶、在茶具，且以茶汤为核心。这时的陪伴事物如插花、挂画、焚香、赏石，以及茶道的功能如客来敬茶、促进社会和谐、精俭修为、祛病美容，都得摒除在外。这是纯茶道较为宽松的解释。如果缩小范围来解释纯茶道，将纯茶道再从茶道艺术中分离出来，甚至不可以为茶艺、茶席设立主题。纯茶道是仅就人、仅就茶、仅就茶具，集由泡茶、奉茶、品茗，表现、享用茶道之美的茶道艺术。该流派认为茶席的设置如果没有切身体会到品茗环境是溶在茶汤里的一种风情，茶席的设置就会独自走着突出表现的道路。如果没有认识到茶席是为方便泡茶而设，还会发生了为了茶席之美不惜牺牲泡茶的方便。

蔡荣章先生开创的这种流派，有着比较系统的理论体系，整理、创造出五大茶会类型（茶席式、游走式、流觞式、环列式、仪礼式）与十大茶法（小壶茶法、盖碗茶法、大桶茶法、浓缩茶法、含叶茶法、旅行茶法、抹茶法、煮茶法、冷泡茶法、泡沫茶法）。创造了茶文化复兴中最早期的茶席形式——茶车式茶席，注重泡好茶的全套设备，茶具摆放分成四大规划区。没有留空间给插花、焚香、挂画、音乐等，背景还特别采用浅灰色宣纸挂轴来表示无背景。这种流派在"无我茶会"中得到发展。

实际上这一流派在审美上是有选择地继承了日本茶道中的简素精神，他们甚至反对在茶席进行中使用音乐，并在行茶过程中禁言，而以眼神交流。

■ 永利紫砂茶席作品

■ 宁波玉成窑茶席作品

三、自我修行观念的茶席

还有很大一部分茶人往往注重自身的"修行"，以茶席为手段达到自我修行，提升修养的目的，比如连喝七杯的申时茶法。他们也与"纯茶道"流派一样，虽然以各种冲泡的形式设计茶席，在审美本质上还是延续了日本茶道的美学。池宗宪的《茶席曼荼罗》一书就提出"茶席成为一种自我询问与对话的作业方式"，书中认为茶席象征着一种审美的合理性，让人感受到一种能量，而其中隐藏着可能突破的原动力。茶席上的茶器具有颜色、温度、质感、深度，蕴含着茶人的一种精神。茶席的摆设有时从部分出发，例如从壶开始；有时从整体开始，例如跟环境结合，看起来是矛盾的逻辑，却是摆设茶席的趣味所在。透过茶席美学的界面，可延展到对现实生活美感的追求。因此，学习茶席摆设，成为体现摆好茶席的生活美学，这也是将茶艺的情调、艺术的趣味，揉进审美的观照和体验，并对照出内心情境的交融。

由此可见这一类"内修"风格的茶席与"纯茶道"茶席的着眼点不同，一是着眼于人的修行，二是着眼于茶汤。

四、道家自然主义的茶席

在审美本源上是从汉民族的崇尚自然、天人合一、天人同构精神出发的茶席艺术，周渝先生是重要的代表。他提出，从一口茶中品出的是山川风光与大自然精神，每一片茶叶、每一方茶席都是一个小小的"自然道场"。由此他又进一步提出"茶气"的概念，以及"自然精神的再发现，人文精神的再创造"。

周渝创造的茶席是以道家观念为主，儒家思想加以补充的艺术。他很少确定任何固定的茶席程式，但目前在茶席上普遍使用的素方、洁方、壶承、匀杯等名称都是周渝在三十多年前提出。素方即正方形茶桌布，壶承最早请晓芳窑制成民窑青花盘样式。他主张用正方形的茶席，并以素方与壶承为标志，取中国天人哲学中天圆地方之意。一把老银壶煮水，升温快，一个破旧的民间大碗，一把晚明的简陋紫砂壶具轮珠，还有三个朴素的茶杯，取其民间风格，釉色不白净，黄白色，德化泥土软所导致的厚胎也没有去刻意回避。都是因真正的道法自然之气而显示出特殊的美感。三十多年来，紫藤庐茶馆为客人布置预备的茶席大致如此，有时置双杯（闻香及入口杯）。

　　周渝在简朴的茶席上，提出"天圆地方"的原理之后，遵循华夏天人文化传统，为茶文化提炼出"正、静、清、圆"或"正、静、清、虚、圆"的茶道思想。这也是其提出的普遍意义（不限于茶文化）的文化理想，当然这种思想也反过来深深地影响着茶席艺术。他不赞成要像日本茶道一样分立"流

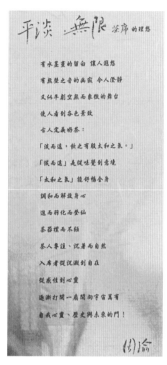

■ 周渝"平淡·无限"茶席理想

■ 周渝冲泡宋代建盏中的一片茶叶，一叶一宇宙

派"，认为流派反而会局限自己的茶席境界。这种在道家自然精神观照下的审美，与日本茶道审美中追求的"寂灭"之感有着本质的不同。

■ 周渝设计的日常茶席

五、极俭主义的茶席

新加坡留香茶艺的创始人李自强先生的茶席艺术讲究自由与极俭。他认为中华茶文化已经到了应该形成更丰富流派的时候了。

除了茶壶、茶杯以外，留香茶艺推崇以不同的茶具来配合泡茶的茶具为最终目标。任何可以帮助体现主题或点缀的饰物都可以被利用，家中的碗、盘、碟等都是可以利用的素材。泡茶是讲究生活化的，而不是为了表现不同的泡法而不断的购置新茶具来满足，能够信手拈来，无所不用是一种茶具摆设的境界。

天马行空，不拘一格，流畅自然是留香茶艺茶席设计所要追求的，不要觉得可以利用的东西太有限，要试着用自己的眼睛去发现，也可以创新素材的用法，做到不单一，一物多用。当然在设计的同时必定要配合主题，以主题为中心就可以知道什么是必要的，什么又是不必要的。茶具与桌垫做到色彩统一。杯子的摆设也有着多种方法，基本的如横式、弧式、如意式、直式、圆式，当然也有分区式与随意式。

■ 新加坡留香茶艺茶席《方圆对话》

■ 新加坡留香茶艺茶席《冬霞》

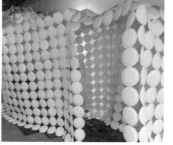

■ 李自强用数千个废弃的一次性泡沫塑料餐盘创作的茶席空间

六、茶文化艺术呈现观念的茶席

本书第一章介绍茶席艺术概念时，已经谈到了茶席艺术设立的指导思想，即茶文化艺术呈现学的思想与理论。这一流派是以浙江农林大学茶文化学院的王旭烽教授为代表的。是多年来茶文化教学的课程、教材、理论、实践过程中总结归纳起来的。

茶文化艺术呈现的内容比茶道（茶艺）要大得多。但茶文化艺术呈现的核心还是茶道（茶艺），并且由三个支点组成：茶人、茶学、茶空间（茶席）。这种流派的立足点不仅仅是茶人通过茶席来自我修行，也不只是关注茶汤本身，其着眼点在于茶文化符号艺术化的高效传播。王旭烽教授认为，茶文化正是人以茶为文化符号，并将其现实化和具体化的全部创造过程及总和，而茶席艺术的首要任务是尽可能艺术化的把这个文化符号

■ 根据茅盾文学奖获奖小说《南方有嘉木》改编的同名茶文化舞台剧

清晰、准确的表达和呈现出来。因而，传统茶道以外的一切艺术、科技手段都可以为这个目的服务。这种流派适应当下茶文化复兴时代的要求，尤其适合茶文化世界性、国际化的交流与传播。

七、诗意表达的茶席

20世纪30年代，法国出现了一种电影艺术的流派被称为诗意现实主义，代表人物是法国印象派大画家雷诺阿的儿子让·雷诺阿。这些作品往往以诗意的对话，引人入胜的视觉影像，透彻的社会分析，复杂的虚构结构，丰富多彩的哲理暗示，以及机智与魅力构成了一个复杂的、细腻的混合体，表现出法国电影在思想上的成熟。这里并不是要讲电影，而是想说明，每一种艺术形式都应发展出诗化的风格。

文学在一切艺术中占首要地位，原因是艺术都要具备诗意。"诗"（Poetry）这个词在西文里和艺术（Art）一样，本义是"制造"和"创作"，所以黑格尔认为诗是最高的艺术，是一切门类艺术的共同要素。苏轼曾评论王维的诗和画是"画中有诗，诗中有画"，苏轼本人也是如此。

我本人对茶席艺术的一点心得，是将茶空间（茶席）建立在茶文化艺术呈现学的观念上，以诗意的艺术语言来完成表达。

小径分岔的花园

【案例赏析】《小径分岔的花园 The Garden of Forking Paths》 作者：潘城

构思：用茶席艺术表达一种由文学建立的人类情感与思想的同构，向阿根廷最伟大的作家，也是世界文坛公认的文学大师博尔赫斯致敬。（豪尔赫·路易斯·博尔赫斯（1899—1986），阿根廷诗人，小说家，翻译家）《小径分岔的花园》是其1944年创作的短篇小说，也是其最有代表性的作品。

茶品：西湖龙井、玫瑰花、茉莉花、黄菊花、柠檬，自由组合。

器具：镜子，半透明玻璃大碗，玻璃公道杯3～5个，玻璃茶盏5～7个，青瓷水壶，勺，茶巾，茶漏。

插花：抛洒的花朵，红色、粉色花朵，茶花、海棠、樱花、梨花、桂花、康乃馨皆可，如遇木棉花最佳，木棉是阿根廷国花，花色鲜红如血。

音乐：吉纳斯特拉《阿根廷舞曲》。

吉纳斯特拉（1916—1983），阿根廷音乐家，是与博尔赫斯同时代的人物。他的创作从早期的客观民族主义到中期的主观民族主义，再到晚期的新古典主义与表现主义的融合。虽然每一时期都有其特殊手法，但概括地说，吉纳斯特拉会在其作品中运用极富色彩性的乐句及具有能量的民族主义风格，并且经常使用高卓及印第安地区的民族音乐。

作品解读：

1. 时间与空间

博尔赫斯采用时间和空间的轮回与停顿、梦境和现实的转换、幻想和真实之间的界限连通、死亡和生命的共时存在、象征和符号的神秘暗示等手法。

"时间"不仅是博尔赫斯小说的一个重要题材，也是他最常用的一个手法。与人们通常理解的时间不同，博尔赫斯发明了一种"时间的分岔"：如果时间可以像空间那样在一个个节点上开岔，就会诞生"一张各种时间互相接近、相交或长期不相干的网"。博尔赫斯很推崇时间的重复和循环，他说："在永生者之间，每一个举动（以及每一个思想）都是遥远的过去已经发生过的举动和思想的回声，或者是将在未来屡屡重复的举动和思想的准确预兆。经过无数面镜子的反照，事物的映像不会消失。任何事情不可能只有一次，不可能令人惋惜的转瞬即逝。"他说道："时间是永远交叉着的，直到无可数计的将来。在其中的一个交叉里，我是您的敌人。"

作为一生致力于文学和秩序的迷宫缔造者，博尔赫斯知道，没有什么是坚如磐石的，一切皆在流沙之上。但我们的责任就是建造，仿佛磐石就是流沙。

茶席是建立在这样的时空秩序上的一次再现。

2. 照见自我

我一直希望做一个人"进入"茶席的作品。镜面席地而设，茶主人泡茶，茶客人喝茶，都能够照见自己的形象。可以理解为一种通过茶的行动对心灵的观照、自省，完成在一种特殊时间和空间中对自我的突然认识。这与禅宗通过茶的修行法门有共同性。如果我更有勇气，就应该把茶席上的所有镜面都击碎，那样，就会出现无数个"自我"或外物的镜像，表现一个更加多维度的时间与空间。另外，吉纳斯特拉时而怪异、时而抒情的《阿根廷舞曲》也会帮助茶人思考。至于茶汤的滋味、香气，同样也是一个未知数，由西湖龙井作为茶世界的主人，可以随意调配各种花茶茶汤品饮。"感官像鲜花般绽放"。

3. 诗意

花园、谜语、时间、迷宫、镜子是博尔赫斯作品不朽的意象。这样的意象是诗的意象，也成为茶席设计的意象。

此外，"花园路径"是一个语言学和心理语言学现象的术语，是语言处理过程中的一种特殊的暂时歧义。花园路径是故意违反人们已经习惯的语法、语义和逻辑知识，省掉句中某些实时加工过程中的某些部分而产生的局部歧义。而整个句子其实是没有歧义的。人们偏向于对歧义句进行最容易接受的解读。然而那种人们不愿意接受的解释才是句子的正确解读。这类歧义现象会对语言的处理过程造成较大的困难。在汉语中也存在花园路径现象的句子。

为此，我以"花园路径"的句式写了一首诗，也可配茶席朗诵——

我喜欢你不知道吗？

走过秘密花园的路径，

迷人的微微的错误。

我喜欢你喜欢我不知道吗?

七块镶着金边的镜子,

时而照见蓝天,

时而照见星空,

时而又照见我喜欢你的模样。

木棉花落满镜面,

鲜红似唇,

你我就隐藏其后,

你我又在花园中相互隐藏,

用蜡粘上翅膀,

却不愿飞出迷宫,

我剪断了系在脚踝上的毛线。

博尔赫斯叙述:

无限的时空维度,

只有镜子能帮助我们,

经过精密的计算,

无数次的折射与反射,

让我们相遇。

电话铃声刺耳响起,

中国上海的少女,

与阿根廷老人通话:

"应当把将来当成过去那样无法挽回。"

我喜欢你喜欢我寻找不得的样子。

蔡元培先生提出"以美育代宗教"，茶席艺术是美育的绝妙途径。当下的中国乃至世界，有越来越多的人热爱这种艺术，说明大家已经开始自发的运用茶席进行"自我美育"。让茶席艺术成为专门的课程乃至学科，一方面，它已经是职业技能教育的重要部分，是茶艺师等专业人员谋生的技能与手段；另一方面，它更应该成为与音乐、美术、体育一样的通识教育，成为中华民族普遍的审美方式。于是，茶席艺术之始终备焉。

■ 茶席《游园》 潘城 张雨丝 作品

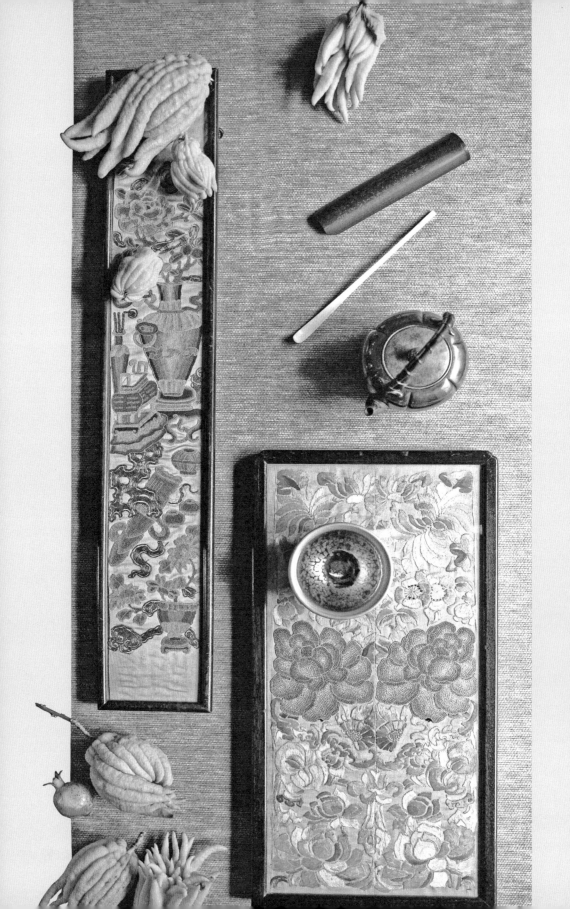

后　记

关于本书，惯例要谈几句心路历程。

2006 年，王旭烽老师带着我们一批年轻人开始建立茶文化学科，每人一个研究方向，互不干扰，各自努力。我的方向被定为"茶文化与艺术"，当然这个方向在后来的教学与研究中发展得更加清晰，很重要的一块就是立足于"茶席"。

之后，我与包小慧老师共同开设的"茶艺创意与呈现"课程中，由我给茶文化本科三年级的学生讲茶席设计的理论部分。一开始真是勉为其难，教材只有一本乔木森先生的《茶席设计》——视若珍宝，而图片案例当时在网上还十分稀少。但这门课程在包老师不懈的教学改革与反复尝试下，成为激发学生茶艺与茶席创作的精神园地，对我的茶席研究与创作也提供了充满营养的土壤。此外，我与同学科的温晓菊老师也最早从她所致力的"茶食"领域开始"搭档"，完成过一部《临安茶点食单》以及后来的"茶谣宴"。钟斐老师始终如一的用她曼妙的身姿与谦恭的精神成为茶席中"茶人"仪表与形象的典范。

2010 年，在王旭烽、张莉颖两位老师的推动和策划之下，"国际茶席展"在我们浙江农林大学举行，十多个国家和地区的最新茶席作品汇集到我眼前。作为"策展人"的我，必须在这么多国际茶席设计师的面前保持一种在文化上不卑不亢、既亲和又能干的姿态。实际上，我的内心真是久旱逢甘霖！虽然我负责组织整个大赛，自己也创作作品，但主要还是借此机会拼命学习。正是那时，我结识了中国澳门茶人罗庆江先生、新加坡茶人李自强先生、韩国茶人吴令焕女士、印度尼西亚茶人洪华强先生以及日本参赛队的领队林圣泰先生，并与他们结下了深厚的友情。当天大赛之后，我与几位日本茶人专门为茶席的问题交流到凌晨两点多，最后累的声带几乎失声。陈岩炉、赵文逸、刘欢、朱晓俊、陆珠希、叶佳晨、黄洁琼等与我共同完成了那一次值得纪念的壮举，如今他们已在各自的岗位上发光，但多少都会与茶席艺术有关。也就是那次国际茶席展之后，我对全国乃至全世界的茶席艺术的现状与发展有了概念。再上讲台就有了足够的底气，教学也有了丰富的案例。

又五年，承蒙老师姚国坤先生约稿，希望我能写一部茶席方面的书。我确实也积累了一些创作经验以及新的理论认识，决定试着将这些较为系统的写出来，有利于对课程中学生们理论上莫衷一是时的解答，或者是创作上沉默失语时的引导。本书也纳入了母校浙江农林大学教材建设项目的一部分，得到学校与出版社的支持。

为此，我专门约了台湾的周渝先生在无锡的茶会上见面，作了系统的采访。又专门赶到开封参加研讨会，系统的采访了李自强先生。台湾的蔡荣章先生、马来西亚的许玉莲女士也曾来我们学院讲解过他们的茶席理论。此外，我还要感谢周新华教授在茶席理论方面的耕耘、闫晶、黄玉冰老师在茶服领域的探索，王洪老师和她的学生设计师们的艺术创作，邢延岭老师的绘画，陈亮的书法，以及宋明冬老师的设计理念对我的帮助。

本书的每一张插图细说起来，背后都有一位或几位故人，一段故事。感谢杭州的青藤茶馆、和茶馆、观芷、青竹、隐园学社、《茶博览》编辑部、《茗边》编辑部等茶人朋友的支持。也特别感谢上海茶叶学会高胜利秘书长以及"茶于1946"的徐琴女士多年来的关心。感谢上海"沫薬"的张雨丝女士对本书重要图片创作拍摄给予无私的帮助。本书的责编姚佳女士、美编姜欣和杨璞女士反复与我沟通交流，既专业，又敬业，为本书的出版付出了大量的心血。

还要指出，本书撰写的土壤和归宿是学生。我们"中国茶谣"学生团队，是一支茶文化艺术呈现的核心力量。从这个团队中走出去的我的学生冀烁星、魏子千、杜静宇、朱冬、张凌锋、孔燕婷、董俐妤、陈圆、余安迪等在各自的茶文化岗位上都为本书提供了图片与资料。

最重要的话放在最后。"茶席艺术"的理论，是建立在王旭烽教授提出的"茶文化呈现学"以及"茶空间艺术"的理论基础之上的。由此，从2006年的"学术定位"至今10年，此书不敢说是对茶文化学院和自己老师的献礼，起码可以说是对茶席课程的一次总结。不周之处，请方家雅正。也希望中国的茶席可以走出窠臼，打开茶席艺术的新境界。

2017 年 3 月 28 日三稿

2017 年 12 月 3 日四稿于结庐

参考文献

《临安茶文化志》编纂委员会，2016.临安茶文化志.北京：方志出版社.

蔡荣章，2015.现代茶道思想.北京：中华书局.

蔡荣章，丁以寿，林瑞萱，2011.茶席·茶会.合肥：安徽教育出版社.

陈从周，2004.中国园林.广州：广州旅游出版社.

陈敬，2012.新纂香谱.北京：中华书局.

陈舜臣，2012.茶事遍路.桂林：广西师范大学出版社.

陈文华，2008.中国茶文化典籍导读.南昌：江西教育出版社.

陈宗懋，杨亚军，2011.中国茶经.上海：上海文化出版社.

池宗宪，2007.茶席曼荼罗.台北：艺术家出版社.

丁以寿，蔡荣章，2011.中国茶艺.合肥：安徽教育出版社.

丁以寿，蔡荣章，黄友谊，2008.中华茶艺.合肥：安徽教育出版社.

杜绾，2012.云林石谱.北京：中华书局.

恩斯特·卡西尔，1985.人论.上海：上海译文出版社.

冈田武彦，2000.简素的精神——日本文化的根本.杭州：西泠印社.

静清和，2015.茶席窥美.北京：九州出版社.

康德，2001.论优美感和崇高感.北京：商务印书馆.

李曙韵，2014.茶味的初相.北京：北京时代华文书局.

李泽厚，2008.华夏美学·美学四讲.北京：生活·读书·新知三联书店.

林家阳，2013.设计鉴赏.北京：高等教育出版社.

林瑞萱，2008.中日英韩四国茶道.北京：中华书局.

刘枫，2009.历代茶诗选注.北京：中央文献出版社.

刘枫，程启坤，姚国坤，等，2015.新茶经.北京：中央文献出版社.

鲁道夫·阿恩海姆，1998.艺术与视知觉.成都：四川人民出版社.

罗庆江，2011.茶席设计，澳门特色茶文化活动.农业考古.中国茶文化（114）.

潘城，2015.茶书画.杭州：浙江摄影出版社.

乔木森，2005.茶席设计.上海：上海文化出版社.

审安老人，等，2013.茶具图赞.杭州：浙江人民美术出版社.

滕军，1992.日本茶道文化概论.北京：东方出版社.

童启庆，2002.影像中国茶道.杭州：浙江摄影出版社.

王笛，2010.茶馆——成都的公共生活和微观世界1900—1950.北京：社会科学文献出版社.

王恺，2003.紫藤庐："无何有之乡"的茶境.三联生活周刊（15）.

王旭烽，2008.玉山古茶场.杭州：浙江摄影出版社.

王旭烽，温晓菊，2016.论"一带一路"国际交流中的茶文化呈现意义.中国茶叶（7）.

王旭烽，2013.品饮中国——茶文化通论.北京：中国农业出版社.

王雪青，郑美京，2008.二维设计基础.上海：上海人民美术出版社.

王雪青，郑美京，2011．三维设计基础．上海：上海人民美术出版社．

王迎新，2017．人文茶席．济南：山东画报出版社．

王迎新，2017．山水柏舟一席茶．桂林：广西师范大学出版社．

温晓菊，2015．茶食．杭州：浙江摄影出版社．

吴觉农，2005．茶经述评．北京：中国农业出版社．

吴小汀，邵嘉平，2008．吴藕汀廿四节候图．

薛冰，2012．拈花．济南：山东画报出版社．

叶汉钟，黄柏梓，2009．凤凰单丛．上海：上海文化出版社．

叶岚，2011．闻香．济南：山东画报出版社．

于良子，2003．翰墨茗香．杭州：浙江摄影出版社．

原研哉，2006．设计中的设计．济南：山东人民出版社．

曾楚楠，1999．潮州工夫茶．广州：花城出版社．

郑培凯，朱自振，2007．中国历代茶书汇编．香港：商务印书馆．

钟斐，2015．茶礼．杭州：浙江摄影出版社．

周文棠，2003．茶道．杭州：浙江大学出版社．

周新华，2016．茶席设计．杭州：浙江大学出版社．

周新华，潘城，2015．茶席．杭州：浙江摄影出版社．

朱光潜，2005．谈美书简．北京：人民文学出版社．

朱光潜，2012．谈美，文艺心理学．北京：中华书局．